U0153674

五南出版

圖解系列

圖解

三大特色

● 一單元一概念，迅速理解網路安全的概念與應用
● 內容完整、架構清晰，為了解網路安全的全方位工具書
● 圖文並茂・容易理解・快速吸收

網路安全

林忠億／著

閱讀文字

理解內容

觀看圖表

圖解讓
保護資料安全
更簡單

五南圖書出版公司 印行

序

　　本書撰寫的目的，主要是為了讓資訊安全的觀念能用淺顯易懂的方式傳播給更多的人。

　　資訊安全並不是一個只存在於教科書內的名詞，而是每個注重個人隱私的使用者都應該要具備的基本常識。隨著智慧型手機等裝置的普及，安全性風險也隨之增加，風險來自何處？攻擊來自何方？防禦有什麼方法？這些都需要具有基本概念，才能提升資料的安全保護。

　　本書藉由書中內容將生活中、工作上可能遇到的資安狀況做廣泛的介紹；全書篇幅並不足以完全介紹到所有的資訊安全範疇，例如「駭客入侵是如何利用漏洞來完成？」，即使只是一種攻擊手法的分析，可能都需要一整個章節的篇幅做闡述，這些較專門的領域就不在本書深入討論，期望讀者具備本書的知識後，可以在許多地方察覺到，資訊安全的觀念若不完善，可能會造成什麼樣的風險與損失。

　　雖然我們常說「道高一尺，魔高一丈」、「沒有最安全，只有更安全」，但這並不是指資訊安全是多做無益的事情，建造了又高又厚的城牆，保護城內人民數十年，可能今天就被巨人一腳踹破；並不是城牆不夠穩固，而是攻擊手法與強度一直在翻新、強化，當然我們就要從知識面對資訊安全做通盤的了解，才能盡可能的避免被惡意攻擊，或是減少遭受攻擊的損失。

　　感謝五南出版社的邀約，讓我有這個機會可以將我對資訊安全的心得與經驗彙整出版；五南出版社的編輯群具有相當的耐心細心與包容，讓本書可以在精美的編排下如期完成；感謝所有資訊安全領域的前輩專家，讓本書在撰寫過程中有各種資料可以參考引用；感謝本書在撰寫過程中，各方朋友的支持與建議。

　　若讀者對本書有任何建議與指教，竭誠歡迎您來信與我聯繫。

林忠億

jungyilin@gmail.com

本書目錄

序

第 **6** 章

無線區域網路安全

第 1 章

網路安全基礎

章節體系架構 ▼

Unit **1-1**

協　定

　　網路安全 (network security)，顧名思義，明顯是兩個領域與概念的組合，一是網路，二是資訊安全。

　　資訊安全的歷史悠久，在一個完美沒有犯罪的世界，也許我們不需要強調資訊安全，然而，目前有太多惡意人士想藉由犯罪手段取得或是破壞使用者的資料，這些資料對許多公司企業與個人來說，往往是具有相當高的重要性，例如公司的交易記錄、會員的帳號資料、網路通訊記錄或是個人手機裡的影像、簡訊記錄等，並不是說這些東西具有不可告人的性質，而是不管企業或個人，都有不欲與不能對外公開的資訊，而保護這些資訊的方法與技術，就是資訊安全。

　　我們會選擇各種方式來保護資訊，最常見的方式是使用密碼，沒有完整的密碼就無法取得資料的存取權。在戰爭中，軍情與命令的傳達，都需要使用「加密」的技術，加密後的資訊稱為「密文」，密文沒有適當的解密工具時，就沒有人可以看懂內容代表了什麼意義。

　　密文比「暗號」更為安全，因為暗號是固定的，如果當初沒有針對某個內容設定好暗號，就沒辦法使用暗號。

　　加密則是以一種特殊手法或工具對資訊進行偽裝，不同的資訊都可以進行加密，只要對方擁有適當的工具，就可以「解密」再閱讀內容。

　　在數位的世界中，所有的資料都可以用數值來表示，既然是數值，表示是可以進行計算的，所以加密、解密等技術，都可以用數學模型來表示。

　　要講網路安全，首先我們要了解網路是什麼。沒有網路的狀況下，會不會有資訊安全的問題？答案當然是肯定的，但是在網路環境中，資訊安全面對的攻擊者來自於所有可以透過網路進行連線的人，也就是來自世界的各個角落，可想而知，問題會更為棘手與複雜。

　　我們先從網路的基礎談起，當然並不是要介紹網路封包、廣域網路、繞送網路等細節，而是以較為常見、常用的網路設備，來了解網路是由哪些元件組成。

　　電腦網路 (computer network) 是將不同位置的電腦系統，以通訊裝置和通訊線路將它們進行連線，這些電腦系統彼此是互相獨立的，透過連線的軟硬體設備，可以實現資源的共享和訊息的傳遞。如果我們將兩台電腦互相連線，就實現了一個電腦網路。

在一個網路中，我們說的電腦並不單純只指個人電腦，有太多的功能已經獨立出來，並以一種硬體設備的形式出現，這些硬體設備在網路的資訊傳遞過程中，都具備了一定的功能，扮演了重要的角色。兩台電腦彼此要溝通，就像兩個人要交談一般，首先要能夠明白彼此講的話，不然就會雞同鴨講。

在網路上，資訊的傳遞需要一種約定好的固定格式，傳送資訊的一方，以這種格式將資訊傳遞出去，而接收的一方，依約定好的格式來解讀，才能了解資訊的內容，這種格式就是**通訊協定** (Communication Protocol)。

目前的網路最常見的通訊協定是 TCP/IP，TCP/IP 是由**傳輸控制協定** (Transmission Control Protocol) 與**網際協定** (Internet Protocol) 所組成，它是一種具備四個層級的架構，分別是**應用層** (Application Layer)、**傳輸層** (Transport Layer)、**網路層** (Internet Layer) 與**連結層** (Link Layer)，如圖 1-1 所示。

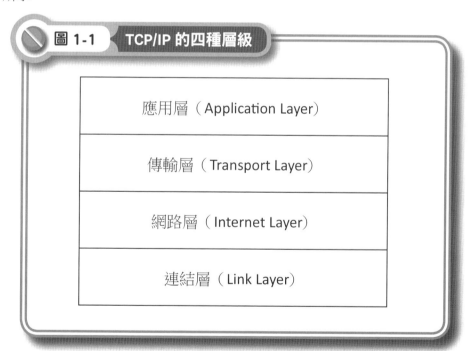

圖 1-1　TCP/IP 的四種層級

應用層（Application Layer）

傳輸層（Transport Layer）

網路層（Internet Layer）

連結層（Link Layer）

只要兩台電腦，或是兩部設備，都使用 TCP/IP，資訊即可透過這四個層級進行傳送與接收。

為什麼要切成一層一層的呢？這是為了將資訊傳輸的過程進行切割，分成四個不同的層級後，每個層級都有自己負責的功能與任務，這樣每一層只需要管好自己的工作，而且每一層只需與它的上下層溝通，在軟硬體實作上會較為單純，而不同的機制或是設備也可以分類到不同的層級上。

我們一層一層的來看，首先介紹應用層。

應用層是應用程式在運作的層級，應用程式包含了瀏覽器、線上遊戲主程式等，俗稱為網路程式，是使用者直接接觸與操作的軟體環境。

在這一層當中，包含了許多的通訊協定。讀者可能會疑惑，為什麼協定裡面又有協定？就像我們日常生活在對話時，討論專業的東西時就會使用專業術語一樣，不同的環境中，我們可以定義出更仔細的協定，以應用於不同的用途，我們舉幾個例子來說明。

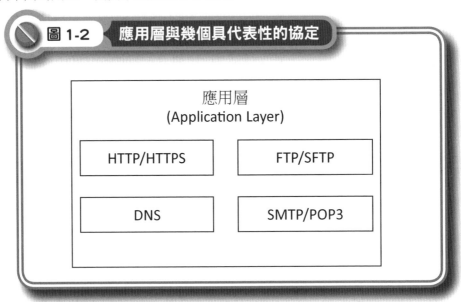

圖 1-2　應用層與幾個具代表性的協定

應用層
(Application Layer)

HTTP/HTTPS	FTP/SFTP
DNS	SMTP/POP3

HTTP 與 HTTPS

HTTP (HyperText Transfer Protocol) 與 HTTPS (Hypertext Transfer Protocol Secure) 是用來傳輸網頁與全球資訊網 (World Wide Web) 資料的通訊協定，而這兩者最大的不同就在於 HTTPS 具備了安全傳輸的功能，結合了 HTTP 與 SSL (Secure Sockets Layer) 或 TSL (Transport Layer Security) 等加密機制，網頁的內容在傳遞時，會進行資料內容的加密來保持通訊的安全性。

使用 HTTPS 的網站，網址會像是 https://www.facebook.com 一般，由 https:// 開始，而瀏覽器也會出現加密的圖示，如圖 1-3 所示，點選這個圖示，就會看到如圖 1-4 一般的安全驗證相關資訊，讓使用者可以確認目前所進行連線的網站是正確的而非偽裝的。

圖 1-3 網址會出現鎖頭的圖示

(a) Google Chrome 瀏覽器

(b) Internet Explorer 瀏覽器

(c) Opera 瀏覽器

 圖 1-4 安全驗證相關資訊

(a) Google Chrome 瀏覽器

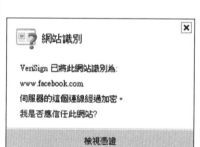

(b) Internet Explorer 瀏覽器

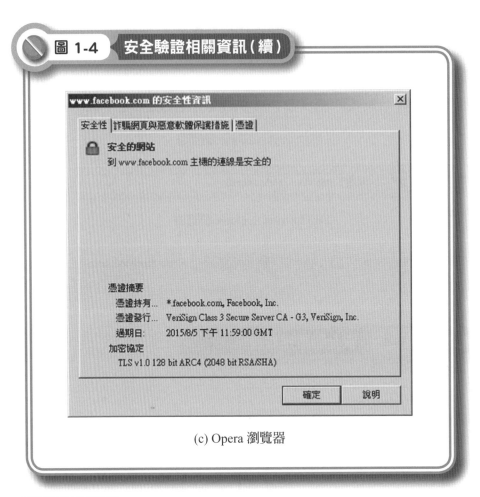

圖 1-4　安全驗證相關資訊 (續)

(c) Opera 瀏覽器

FTP 與 SFTP

　　FTP (File Transfer Protocol) 與 SFTP (Secure FTP) 是用來傳輸檔案的協定，FTP 本身並沒有安全機制，像在登入 FTP 伺服器時，帳號與密碼的傳輸都是可以被竊聽被偷看到的，而 SFTP 則是使用了 SSH (Secure Shell Host) 來進行加密，所以在安全上多加了一層保護。

SMTP 與 POP3

　　SMTP (Simple Mail Transfer Protocol) 與 POP3 (Post Office Protocol version 3) 是用於電子郵件收發的通訊協定，當我們從自己的機器收取電子郵件時，電子郵件軟體，例如 Microsoft Outlook Express，可以採用 POP3

協定與電子郵件伺服器進行溝通，將郵件接收回自己的電腦中，而寄送信件時，則是以 SMTP 協定來傳送電子郵件。

DNS

在網路上的每一部電腦都有一組 IP 來表示它在網路上的地址，以 IPv4 來說，會是 4 組數字，如果只有幾部電腦，要記憶它的 IP 是沒有問題的，但是有誰會去記住 Google 或是 Facebook 的 IP 呢？

為了讓人類方便記憶，於是有了網址的概念，在一般的使用環境中，使用者不會察覺 DNS (Domain Name System) 的動作，但是它在使用者每次輸入主機名稱時，都默默的連線到 Domain Name Server 進行網址與 IP 的轉換。

在 Linux 環境中，常用的主機名稱查詢指令是 nslookup，如圖 1-5，可以看到我們所設定的 DNS 主機為 8.8.8.8，而查詢 www.google.com 的結果是 6 組不同的 IP。

圖 1-5　nslookup 指令的執行結果

再來我們介紹傳輸層。

　　這一層的主要任務是支援應用層所需要的 session 與 datagram。在這層運作的主要協定則是 TCP 跟 UDP，這兩個名詞常常聽到，現在我們來說明這是什麼東西。

TCP (Transmission Control Protocol)

　　TCP 所做的是以維持兩部連線主機之間具有可靠的傳輸，在這裡所謂的可靠是指，在傳送的一方會確定接收方有收到資料，而且可以信任接收方在收到**封包** (packet) 後，會以正確的順序組合還原。

　　TCP 同時也負責在傳送期間進行偵錯與緩衝的動作。

　　TCP 是如何做到確認的呢？就像我們在打電話時，當電話接通，我們會說「喂？」，同時也在期待對方講話回應，一旦對方有了回應，我們就可以確定這通電話是正常的，我們的聲音已經被對方接收到了；同理，**TCP** 在送出資訊後，會等待對方回應，有回應才繼續後續的動作，這種方式稱**三向交握** (Three-way Handshake)，如圖 1-6 所示。

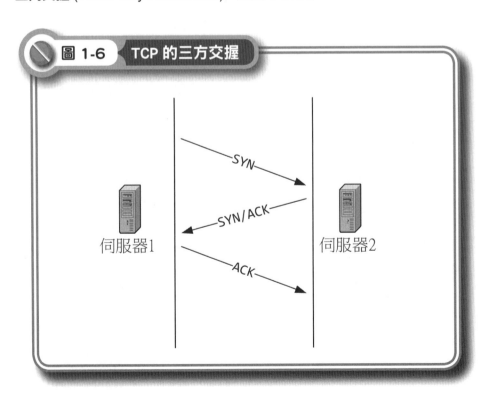

圖 1-6　TCP 的三方交握

伺服器1

伺服器2

SYN

SYN/ACK

ACK

伺服器 1 是傳送方，它會先送出一個 Synchronize sequence number 的旗標，簡寫為 SYN，當伺服器 2 收到這個東西時，它會回送 SYN 與 Acknowledge Field Significant (ACK)，當伺服器 1 收到伺服器 2 的回應後，就知道伺服器 2 正常工作中，而且有收到剛才傳送過去的資料，此時連線才被建立起來。

UDP (User Datagram Protocol)

相對於 TCP，UDP 是一種不可靠的傳送，為什麼稱為不可靠呢？UDP 並不會去檢查接收端是否有正確回應，也不保證沒有資料錯誤。聽起來好像很糟，那為什麼還要用這種協定？因為 UDP 在一般情況下比 TCP 要來得快。

舉個例子來看，假設我們在收看網路視訊，像是 YouTube，在視訊資料傳送到我們的電腦上時，一個畫面出現錯誤，並不是值得去在意的事，播放的流暢度才是我們真正在意的事。

又例如透過網路做音訊連線，像是講網路電話，聲音有一點點破音也不是很重要的，聲音能即時傳遞才是重點。在這種講求速度而非保證品質的環境下，UDP 會是個比 TCP 更佳的選擇。

接著我們來看網路層。

這一層所負責的主要任務是**路由** (routing)、IP 定址與封包的封裝，也就是準備上一層——傳輸層——所需要的資料。這一層有幾個比較重要的協定，我們一一介紹。

IP (Internet Protocol)

IP 協定所做的事情是路由、定址、分解／重組封包。雖然它會去處理封包，但是它不會去管封包的正確性，正確性是丟到上一層給 TCP 處理。所以我們可以說 IP 像是快遞，只負責正確地、快速地把包裹送到目的地，不會去管包裹裡面到底裝了什麼東西。

IP 協定的最重要工作是定義了一個定址的方法，目前有兩個版本：IPv4 與 IPv6。

IPv4 是 Internet Protocol version 4 的縮寫，定義一個位址為 32 位元的記錄，由 IANA 來管理與分配，為了方便我們去記憶這個 32 位元的數值，

我們最常使用的方法是將它拆成 4 組 8 位元的數值，再轉換為十進位，例如

10101101 11000010 01001000 01100011

拆開之後，再以小數點隔開，再轉成十進制，得到的結果就是173.194.72.99。

　　因為長度只有 32 個位元，位址的可能值只有 43 億左右，雖然看起來好像很多，但是因為有些位址無法使用，或是被保留，所以可用的 IP 位址在 2011 年 2 月 3 日後就已經沒有可以再新分配的 IPv4 位址了。

　　IP 位址可分為網路位址與主機位址兩段，前面的部分是**網路位址** (Network ID)，用來識別網路，如果兩部主機的 IP 位址具有同樣的網路位址，那就表示這兩部主機屬於同一個網路；在後面的是**主機位址** (Host ID)，可以看成是這部主機在這個網路上的編號。

　　當 IP 在配發時，會給一個網路位址，IPv4 的網路位址被分為五個類別：A class、B class、C class、D class 與 E class，其中 D 類被用來做為 multicast，而 E 類被保留未使用，所以我們平時會接觸到的是 A、B 與 C 三種 class。

　　這三個 class 的比較如表 1-1，所謂的前導位元就是 IP 位址在以 2 進制表示時，最左方的位元內容。

表 1-1　不同 class 的 IP 比較

class	前導位元	Network ID 長度	Network ID 範圍	Host ID 長度	可用主機數
A	0	8	0 – 127	24	16777216
B	10	16	128 – 191	16	65536
C	110	24	192 – 223	8	256

有些 IP 位址是被保留下來做為特殊用途的：

1　主機位址全為 0

這種情形表示「目前這個網路」，例如 192.168.1.0 用來表示 192.168.1 這個 C class 網路。

② 主機位址全為 1

表示這個網路中的全部裝置,例如我們傳送封包到 192.168.1.255 這個位址,表示要傳送到 192.168.1.0 這個網路。

③ A class 的最後一個位址

就是 127 開頭的 IP 位址,用來表示**迴路** (Loopback),因為這是 A class 的 IP 位址,所以 127.0.0.1 到 127.255.255.254 都是 Loopback 專用。傳送到迴路的封包都會被傳回來,封包不會真的跑到網路上,所以這是用來做為測試本機電腦 TCP/IP 是否正常用的。

④ 私有位址

A class、B class 與 C class 都保留了一組**私有位址** (Private IP Address),傳送封包到私有位址時,路由器不會將封包送到外面的網路上,例如電腦教室內部需要網路互連,但是我們不需要讓教室內的電腦與外界連線,此時電腦教室內的電腦可以使用私有位址,A class 的私有位址是 10.0.0.0 到 10.255.255.255,B class 的私有位址是 172.16.0.0 到 172.31.255.255,最常見到的 C class 私有位址是 192.168.0.0 到 192.168.255.255。一間電腦教室通常不會有超過兩百台電腦,使用一組 192.168.1.0 的 C class 私有位址就很夠用了。

⑤ 自動私人位址

169.254.0.0 到 169.254.255.255,這組 IP 的意思是 Auto-mati Private IP 位址,若是 DHCP 伺服器故障時,電腦就會預設為這個位址,但這個 IP 是不能用來對外連線的。

IPv6 (Internet Protocol version 6) 版本的重要特性

1 把網路位址的長度一口氣提升到 128 位元，這是一個極大的數量，約是 $3.4×10^{38}$，全球人口即使成長到 100 億人，每個人都還可以分配到 1 億個以上的 IP 位址。

2 由路由器來扮演 DHCP 的角色，電腦主機與路由器溝通後即可取得其 IPv6 位址。

3 整合 IPSec 加密協定，我們在後面的章節會介紹 IPSec。

　　IPv6 在 1998 年即已推出，但是推出後的進展並不順利，因為 IPv6 與 IPv4 並不相容，原有網路環境的路由器、防火牆都需要更換，部份軟體也需要進行修改，雖然 IPv6 解決了位址不足的問題，但這個問題對於已經可以正常上網的環境來說，並沒有需要進行更新的急迫性。

　　原來 IPv4 的 32 位元環境下，我們將 32 位元以 8 位元為單位拆成 4 個部分，並轉成 10 進制來方便記憶，在 128 位元的 IPv6 環境中，如果用同樣的方式來表示，則一個 IPv6 的位址會轉成 16 組數字，有多少人能順利的記住像是

58.157.0.32.0.1.0.8.0.0.2.0.0.0.0.13

這樣的位址呢？所以 IPv6 改成以 16 位元為單位來分為 8 段，將分段的內容以 16 進制來表示，並以冒號進行分隔。

　　例如上述的那一個位址會是

3A9D:0020:0001:0008:0000:0200:0000:000D

注意到這個位址有很多零，所以在書寫時有一種 IPv6 專用的簡寫法：

① 如果兩個冒號之間都是 0，可以將那些 0 省略，變成連續兩個冒號，但只能用一次，為什麼限定一次呢，例如 1234::5678::1234，可以是

1234:0000:5678:0000:0000:0000:0000:1234

也可以是

1234:0000:0000:0000:5678:0000:0000:1234

會造成混淆，所以限定這種縮寫只能用一次，因為知道總共有 8 段，所以可以反推回原來的內容。

② 如果開頭是 0，像是 00AB，可以簡化成 AB。

IPv6 的內容像是 IPv4 一樣被分為兩部份，前面的部份稱為**首碼** (prefix)，不是 Network ID。

prefix 的長度與位址的類型有關，IPv6 將位址分為三種類型：Unicast、Multicast 與 Anycast。Multicast 是用於多點傳送及廣播傳送，首碼長度為 8 且內容全為 1，最後面的 112 個位元則是群組 ID。

Anycast 是 IPv6 才有的類型，一個 Anycast 的位址可以給多個不同節點來使用，如果現在要傳送封包到這個 Anycast 的位址，這個封包會送到距離最近，也就是傳送時間成本最低的一個節點，而不是全部的節點。

一般裝置使用的是 Unicast，又再分為 Global、Site-Local、Link-Local 與 IPv4-compatible 四種類型，雖然很繁雜，但每一種類型有它特定的用途。

Global 類型的 Unicast 位址以前面 3 個位元為 prefix，且內容固定是 001，最後的 64 個位元在功能上就如同 IPv4 的 Host ID，但在 IPv6 稱為 Interface ID。

Site-Local 類型的位址以前 10 個位元為 prefix，內容是 1111111011，再接著 38 個 0，再來是 16 位元的 Subnet ID 與 64 位元的 Interface ID，這種類型的位址開頭都是 FEC0，用途是做為私有位址。

Link-Local 型的位址就是 Automatic Private IP Address 的 IPv6 版本，前 10 個位元是 prefix 且其值為 1111111010，prefix 後是 54 個 0，再接上 64 位元的 Interface ID，所以這種位址都會以 FE80 做為開頭。

最後一個是 IPv4-Compatible 型，這是為了跟 IPv4 相容所使用，開頭是 96 個 0，後面 32 個位元即為 IPv4 位址的值。

ARP (Address Resolution Protocol)

　　每一張電腦的網路卡都有一個特殊的編號，稱為 MAC (Media Access Control Address)，MAC 位址有 48 個位元，前 24 位元由 IEEE (Institute of Electrical and Electronics Engineers，電子電機工程師協會) 決定了每家製造商的編號，後 24 位元則是由製造商自行指定。

　　在 IPv4 的環境中，除了 IP 之外，還要靠這個獨一無二的編號，才能夠辨別目的地在哪裡，在 IPv6 的環境中則有其它的工具代替。在 Windows 中可以在網路連線的詳細資料中看到視窗如圖 1-7，其中的「實體位址」就是 MAC。

圖 1-7　網路連線詳細資料

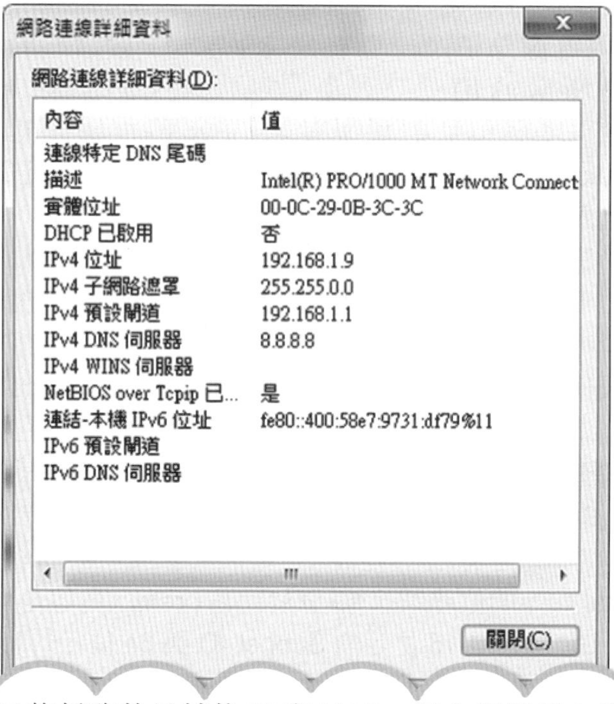

網路連線詳細資料	
網路連線詳細資料(D):	
內容	**值**
連線特定 DNS 尾碼	
描述	Intel(R) PRO/1000 MT Network Connect
實體位址	00-0C-29-0B-3C-3C
DHCP 已啟用	否
IPv4 位址	192.168.1.9
IPv4 子網路遮罩	255.255.0.0
IPv4 預設閘道	192.168.1.1
IPv4 DNS 伺服器	8.8.8.8
IPv4 WINS 伺服器	
NetBIOS over Tcpip 已...	是
連結-本機 IPv6 位址	fe80::400:58e7:9731:df79%11
IPv6 預設閘道	
IPv6 DNS 伺服器	

關閉(C)

　　ARP 的任務就是轉換 IP 與 MAC，每台電腦都會記憶一組 ARP 表格，記憶了最近使用的一些機器的 MAC，如此就可以用查表的方式快速取得對方的 MAC。在 Windows 作業系統中，可以在命令提示字元環境中執行：

arp -a

以取得完整 ARP 表，如圖 1-8。注意到圖 1-8 中有「類型」欄位，內容是靜態或是動態，靜態是指這筆資料是手動增加到 ARP 表格中，動態則是在網路的動作中自動加入的。動態產生資料，可以在下次有需要跟同一部主機進行溝通時，省去尋找的過程，加快速度。

圖 1-8　Windows 下的 ARP 表

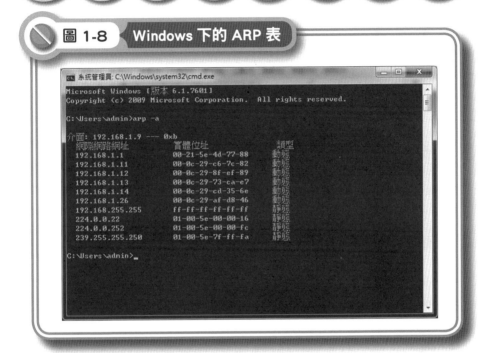

ICMP (Internet Control Message Protocol)

ICMP 用來偵測網路狀況，利用回應的類型來判斷發生什麼問題。最常見的 ICMP 應用就是 ping 指令與 tracert 指令，我們會使用它們來判斷對方主機目前是否正常工作。以 ping 指令為例，透過 ICMP，接收端會收到 echo request 的訊息，然後回應 echo reply，發送端就知道連線有沒有正常。

而 tracert 則是用來偵測自己與對方主機之間，所經過的所有路由器有沒有發生問題，圖 1-9 與圖 1-10 是 ping 與 tracert 的示範。

ping 的結果會回傳來回溝通的時間與封包傳送、接收狀況。而 tracert 則是會回傳有經過的路由器的 IP 與回應時間。

目前有許多伺服器都關閉了 ICMP 回應的功能，所以即使 ping 的結果是失敗的，有時也不表示伺服器的網路是有問題的。為什麼要關閉呢？因為有許多的攻擊在發起之前，會使用 ICMP 偵測被攻擊的目的是否可以正常連線，所以許多伺服器採用「裝死」的策略，以避免產生不必要的回應。

圖 1-9　ping 指令的執行結果

圖 1-10　tracert 的執行結果

最後來看最下層的連結層。

這一層又稱為網路存取層，其實就是最偏向硬體的層級，而應用層則是最貼近使用者的層級。這一層所做的事情就是透過網路卡讀取封包或傳送封包，以連結層的立場，只要網路卡可以順利運作，可以處理封包，連接的介面是 10 Mbit、100 Mbit 或是 1 Gbit 都無所謂。

那麼，封包又是怎麼來的呢？假設我們有個應用程式，要透過網路將資料傳送到另一台電腦，那我們的應用程式所在的層級是應用層，它會將資料送往下一層，也就是傳輸層。在傳輸層中，這份資料會被加入 TCP 相關資訊，再送往網路層。網路層收到的資料中包含了 TCP 資訊，它會再添加 IP 資訊，才送到連結層，連結層又會再加入資訊，才由網路卡等硬體傳送出去。就像是每一層都將資料放入各層專屬的紙箱一般。

接收方要做的事情是什麼呢？首先它會接收到封包，此時是由連結層的裝置去收取的，它會先解開封包，把連結層的資訊拿掉再往上送，網路層再解開網路層的資訊，這樣一層一層的把紙箱拆開，最後負責處理資料的應用程式收到的就是資料本身，不會包含其它資訊，如圖 1-11。

現在有個問題來了，封包進來以後，一層一層的打開，現在它要怎麼知道是哪個應用程式要來負責處理資訊？在 TCP 或 UDP 所附加的資訊中，有包含了一個 **埠號** (Port)，想像成一個港口，有那麼多的船隻入港，它們的目的地都是港口，但是它們會停泊在特定的碼頭；埠號就像碼頭的代號一

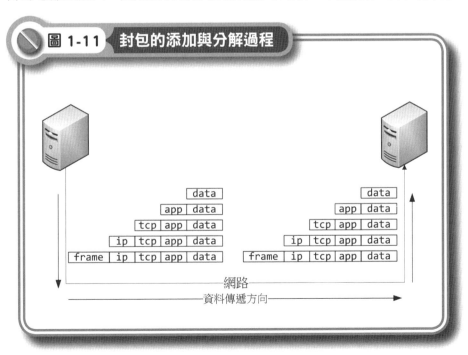

圖 1-11　封包的添加與分解過程

樣，不同的埠號由不同的應用程式負責管理，那麼，我們怎麼知道一部主機的埠號是多少？在不知道的情況下，是否就不能正常連線了？

　　基本上是不能正常連線沒錯，所以網際網路位址指派單位 IANA (Internet Assigned Number Authority) 定義了一個埠號清單，在未特別指定的情況下，這些清單中所指定的值，就是某些應用程式對應到的埠號預設值。詳細的列表可參見 http://www.iana.org/assignments/service-names-port-numbers/service-names-port-numbers.xhtml。

　　在 Windows 系統中，有一份文件在 C:\windows\system32\drivers\etc\services，其中就是常見的服務與其埠號列表，就像圖 1-12 一般。

圖 1-12　Windows 中的常見埠號列表

若是使用 Linux，也有類似的文件，在 /etc/services，如圖 1-13。

圖 1-13　inux 中的服務與埠號列表

```
root@network:~
[root@network ~]# head /etc/services -n 50
# /etc/services:
# $Id: services,v 1.48 2009/11/11 14:32:31 ovasik Exp $
#
# Network services, Internet style
# IANA services version: last updated 2009-11-10
#
# Note that it is presently the policy of IANA to assign a single well-known
# port number for both TCP and UDP; hence, most entries here have two entries
# even if the protocol doesn't support UDP operations.
# Updated from RFC 1700, ``Assigned Numbers'' (October 1994).  Not all ports
# are included, only the more common ones.
#
# The latest IANA port assignments can be gotten from
#       http://www.iana.org/assignments/port-numbers
# The Well Known Ports are those from 0 through 1023.
# The Registered Ports are those from 1024 through 49151
# The Dynamic and/or Private Ports are those from 49152 through 65535
#
# Each line describes one service, and is of the form:
#
# service-name  port/protocol  [aliases ...]   [# comment]

tcpmux          1/tcp                           # TCP port service multiplexe
tcpmux          1/udp                           # TCP port service multiplexe
rje             5/tcp                           # Remote Job Entry
rje             5/udp                           # Remote Job Entry
echo            7/tcp
echo            7/udp
discard         9/tcp           sink null
discard         9/udp           sink null
systat          11/tcp          users
systat          11/udp          users
daytime         13/tcp
daytime         13/udp
qotd            17/tcp          quote
qotd            17/udp          quote
msp             18/tcp                          # message send protocol
msp             18/udp                          # message send protocol
```

Unit **1-2**
網路相關硬體

到目前為止，我們介紹了基本的網路運作原理，有了這些協定與規範，資料才能透過網路傳達到另一台電腦上，並且正確的被處理。在我們每天使用的網路中，有各式各樣的裝置在運作，這些裝置所扮演的角色各不相同，我們在這裡介紹一些常見的網路裝置。

網路卡

NIC (Network Interface Controller) 直譯成中文是**網路介面控制器**，也就是俗稱的**網路卡**。網路卡是最基本的網路元件，依型式我們可以分為有線網路卡與無線網路卡，顧名思義，有線網路卡會具備一個以上的接口來連接網路線，而無線網路卡則是利用無線網路來達到訊號的收發。

目前許多主機板都內建了網路卡，如此可以降低成本，而且網路已經是電腦的必備品，因此有越來越多的主機板開始內建無線網路卡。

集線器

集線器 (Hub) 可以將許多網路線連接在一起，達成資料傳遞的功能。可以想像成具備多個插座的延長線一樣。它的構造簡單，但缺點也不少。

集線器的主要動作是將接收到的訊號進行傳送，若是主動型的集線器，會進行訊號放大的動作。

集線器是以一種共享的方式來處理頻寬，假設一部 100 Mb/s 的集線器連結了 5 部電腦，每一部電腦的頻寬會是 100/5=20 Mb/s，如圖 1-14。

集線器在傳送訊號時，跟電力的延長線一樣，會傳送到所有跟它連接的裝置上，所以資訊會傳遞到每一部電腦上，若是有一部電腦執行了竊聽程式，它就可以抓取到其它電腦所接收的資料。

交換器

交換器 (Switch) 的外觀與集線器一樣，但可以做的事情更多一些，前面提過每台電腦都具有一個 MAC，交換器會在它的每個連接埠成功連線時，透過 ARP 協定學習連線目的地電腦的 MAC，然後存在交換器內部的

ARP 表中，未來就可透過查表來得知交換器上的連接埠會連接到哪一組 MAC 的電腦，查表後可以直接發送封包到目的地電腦，不用發給全部的電腦。

交換器在處理頻寬時，每個埠是獨立的，以集線器的例子來看，若改為交換器，則每個埠所連接到的電腦都具有 100 Mb/s 的連線頻寬，如圖 1-15。

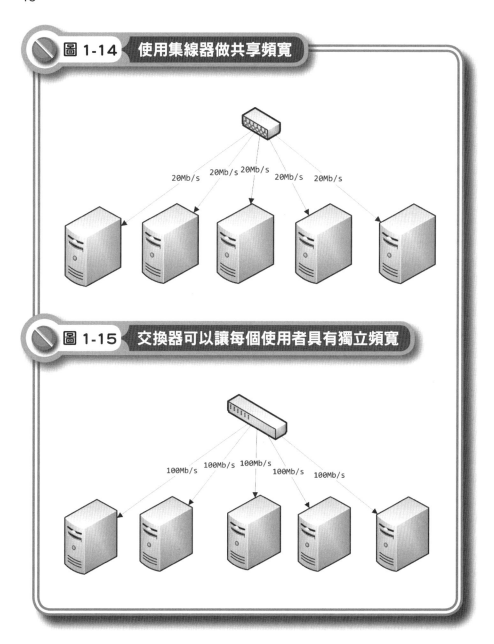

圖 1-14　使用集線器做共享頻寬

20Mb/s　20Mb/s 20Mb/s　20Mb/s　20Mb/s

圖 1-15　交換器可以讓每個使用者具有獨立頻寬

100Mb/s　100Mb/s 100Mb/s　100Mb/s　100Mb/s

目前交換器已經非常普遍，可以說是已經取代了集線器。

高階的交換器支援**虛擬區域網路** (Virtual Local Area Network,VLAN)，是指在邏輯上將多台電腦切割成不同的區域網路，然而實際上仍是連接於同一部交換器上。

不同的 VLAN 之間會視對方為不同的區域網路，所以無法直接通訊，我們可以將實體上連接於交換器的電腦們進行分組，避免機密資料被不同的群組電腦存取。

在實作上，可以透過交換器上的埠做為劃分 VLAN 的基礎，例如 1 號到 8 號是第一個 VLAN，9 號到 16 號是第二個 VLAN 等。另一種是以主機的 MAC 位址做為劃分 VLAN 的原則，此時需要有一個資料庫來記錄 VLAN 與 MAC 的關係，交換器再經由這個資料庫的內容來決定某個埠所連接的電腦是屬於哪一個 VLAN。

最後是以設備的 IP 做為依據，但這種方式對效能會有影響，因為封包的來源 IP 與目的 IP 都需要進行檢查。

路由器

全世界的網路構成了一個異常龐大的組織，而我們在台灣發出一個封包，這個封包怎麼知道要送到美國哪一州的哪一部主機上呢？因此，在這裡要知道封包所旅行的路徑，稱為**路由** (route)，而負責指引路徑的機器，即稱為**路由器** (Router)。

路由器的任務是連接多個不同的網路，它是怎麼知道其它的主機位於哪個網路呢？資訊來自於它內部的路由表，而路由表可透過**路由資訊協定** (Routing Information Protocol,RIP)、**開放式最短路徑優先選擇協定** (Open Shortest Path First,OSPF) 等協定來產生。

於圖 1-10 所使用的 tracert 指令，就是在追蹤路由表的活動狀況，可以知道一個封包到達指定主機時，所經過的路由器有哪些，而這些路由器都是由自身的路由表來為這些封包指路。

網際網路龐大而且涵蓋了全球各地，封包能正確到達世界的每個角落，都是靠路由器一路接力完成的。

防火牆

若是我們身在沒有資訊安全的疑慮，且在每個使用者都是可信任的情況下，或是每一個軟體都是不會產生惡意行為時，**防火牆** (Firewall) 的角色

就會變得無足輕重、可有可無，甚至應該取消掉以加快傳輸速度。

但世界並沒有這麼美好，不論是故意或是不小心，惡意行為都在網路上傳播，第一道防線也是最基本的資訊安全設備，就是防火牆。

在建築中，防火牆是由防火材質所打造的一種屏障，用來避免火勢蔓延；在汽車裡，引擎室與駕駛座之間也有一層具有防火性質的隔板，當引擎室起火時，可以保護駕駛人不受火傷，這都是防火牆的一種呈現。

在網路安全中，防火牆負責將網路上流通的資訊進行過濾，決定是否要進行阻擋，如圖 1-16。

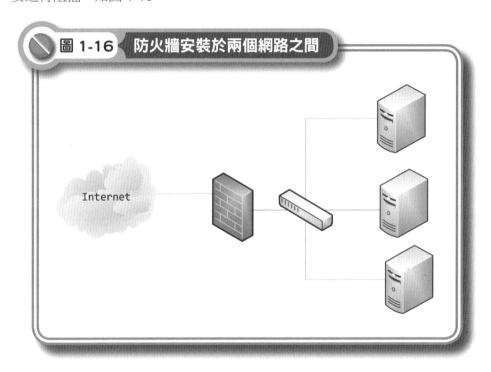

圖 1-16　防火牆安裝於兩個網路之間

Internet

防火牆的行為依其「智慧」的程度可以分為：封包過濾式、代理式、狀態偵測式。

① 封包過濾式

封包過濾式就是很單純的檢查封包的網路連線類型，例如我們可以在網頁伺服器上安裝防火牆，只允許目標是 80 埠的封包進入伺服器，其餘的全都阻擋，不予放行。

至於這個打算進入伺服器 80 埠的封包意欲何為，封包過濾式的防火牆並不會去過問。

除了埠號，也可以設定特定 IP 是否可以進行連線。Microsoft® Windows 從 XP 版本開始內建了防火牆，如圖 1-17。

圖 1-17　Microsoft® Windows 7 內建的防火牆功能

透過防火牆的設定，我們可以新增、移除某些應用程式是否允許進行網路通訊，點選「允許程式或功能通過 Windows 防火牆」，將開啟視窗如圖 1-18。也可以點選「進階設定」開啟更詳細的設定畫面，如圖 1-19。

小博士解說

　　許多應用程式具有自行設計的通訊埠，而這些通訊埠可能是非標準的。但使用者可能不知道需要在防火牆中設定此應用程式或是此特定通訊埠，因此導致程式無法正常運作，進而讓使用者誤認為防火牆礙手礙腳，於是直接關閉防火牆，或是建議其它人關閉防火牆，這絕對是一種錯誤的行為，使用者應該要妥善了解應用程式與其通訊埠使用狀況，然後做正確的設定。

圖 1-18　允許程式或功能通過 Windows 防火牆

允許程式通過 Windows 防火牆通訊

若要新增、變更或移除允許的程式與連接埠，請按一下 [變更設定]。

允許程式通訊的風險為何？　　　　　　　　　　　　🛡變更設定(N)

允許的程式與功能(A):

名稱	家用/工作場所 (私人)	公用
☐ BranchCache - 內容抓取 (使用 HTTP)	☐	☐
☐ BranchCache - 同儕節點探索 (使用 WSD)	☐	☐
☐ BranchCache - 託管快取取用戶端 (使用 HTTPS)	☐	☐
☐ BranchCache - 託管快取伺服器 (使用 HTTPS)	☐	☐
☐ HomeGroup	☐	☐
☐ iSCSI 服務	☐	☐
☐ Media Center Extender	☐	☐
☐ Netlogon 服務	☐	☐
☐ SNMP Trap	☐	☐
☐ Windows Communication Foundation	☐	☐
☐ Windows Management Instrumentation (WMI)	☐	☐

詳細資料(L)...　　移除(M)

允許其他程式(R)...

圖 1-19　防火牆的進階設定

具有進階安全性的 Windows 防火牆

檔案(F)　執行(A)　檢視(V)　說明(H)

本機電腦上具有進階安全性 V
🔲 輸入規則
🔲 輸出規則
🔲 連線安全性規則
▷ 🔲 監視

本機電腦上具有進階安全性的 Windows 防火牆

[具有進階安全性的 Windows防火牆] 可為 Windows

概要

網域設定檔
✓ Windows 防火牆已開啟。
🚫 會封鎖不符合規則的輸入連線。
✓ 不允許不符合規則的輸出連線。

私人設定檔作用中
✓ Windows 防火牆已開啟。
🚫 會封鎖不符合規則的輸入連線。
✓ 不允許不符合規則的輸出連線。

公用設定檔
✓ Windows 防火牆已開啟。
🚫 會封鎖不符合規則的輸入連線。
✓ 不允許不符合規則的輸出連線。

➡ Windows 防火牆內容

開始使用

動作

本機電腦上具有... ▲
📥 匯入原則...
📤 匯出原則...
　　還原預設原則
　　診斷/修復
　　檢視　　▶
🔄 重新整理
📄 內容
❓ 說明

　　在進階設定中，可以針對輸出與輸入進行規則設置，我們現在來進行一個實驗，進入「輸出規則」後，在右邊選取「新增規則」，將出現視窗如圖 1-20，類型選擇「連接埠」，按下「下一步」後出現圖 1-21，選擇特定連接埠並輸入 80，也就是使用 http 連線時的預設通訊埠，再按下「下一步」。出現圖 1-22 後，選擇「封鎖連線」，再按「下一步」。

　　設定檔如圖 1-23 請先全部勾選，再按「下一步」，於最後輸入名稱即可按下「完成」。

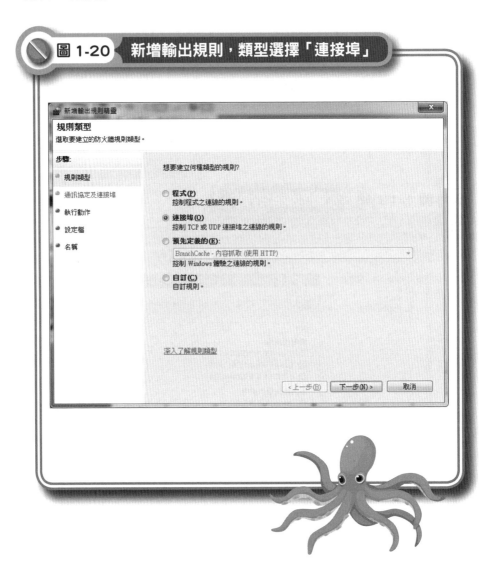

圖 **1-20**　新增輸出規則，類型選擇「連接埠」

圖 1-21 選擇特定連接埠並輸入 80

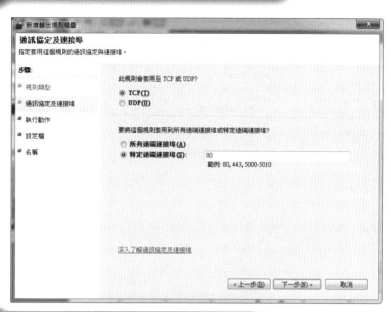

圖 1-22 執行動作為「封鎖連線」

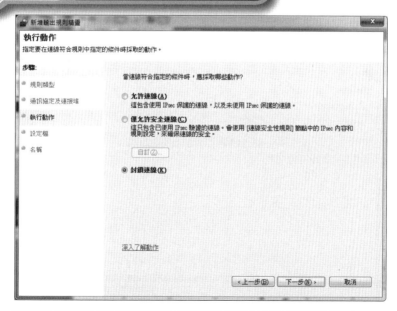

圖解網路安全

圖 1-23 Windows 網路連線的不同設定檔

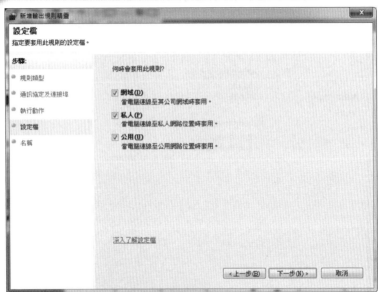

圖 1-24 輸入設定檔名稱

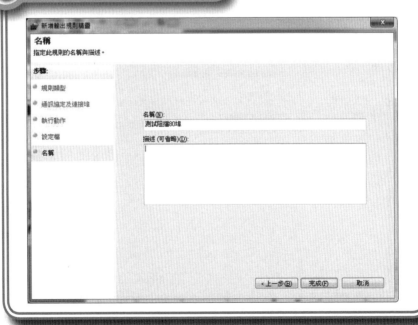

最後進行測試，當我們連線到某一部主機的 80 埠時，將會被封鎖，如圖 1-25，但是若我們連線的目標是 443，也就是 https 時，是可以正常連線的，如圖 1-26，因為沒有被設定規則封鎖。

實驗後記得將規則刪除，不然就不能連結 http 網站了。

圖 1-25　封鎖連線至伺服器的 80 埠

圖 1-26　可以使用 https 正常連線至 443 埠

2　代理式防火牆

　　代理式防火牆是以一個代理人的角色站在內部網路與外部網路之間，它會檢查所有由外部網路連入的資料，依規則判斷是否放行；對於內部網路對外連出去的資料，也會被代理式防火牆檢查後才決定是否放行。

　　相較於封包過濾式的防火牆，代理式防火牆較有「智慧」，因為它不只是看封包的目的地或是類型，它還會判斷某些特定通訊協定的指令，依不同的指令進行不同的動作。

　　因為所有的連線都必須要經過它，所以可以針對連線進行記錄，即使使用者未安裝或未開啟防火牆功能，也因為使用者的電腦仍然必須透過代理式防火牆才能對外連線，所以仍具備一定程度的安全性。

3　狀態偵測式防火牆

　　最後是狀態偵測式防火牆，這種防火牆會記錄封包的路由與使用記錄，可以看成是一種動態的封包過濾，但是它會檢查封包的內容並分析它的行為，每個成功的連線都會存入表格中，如果現在有個假冒的連線封包，會因為在表格中找不到連線記錄而被阻擋下來，。

　　回到我們之前提過的 TCP 三方交握，當我們發送一個 SYN 到外部主機 A 時，A 將會回應 SYN/ACK，若是此時有個假的主機 B 也回應了 SYN/ACK 呢？狀態偵測式防火牆會因為我們之前並沒有傳送此連線的 SYN 到 B 主機，所以把 B 主機所傳過來的封包阻擋下來。

　　每一位電腦使用者都應該在防火牆環境下工作，有些情況下，程式會因為防火牆設定錯誤而無法執行，此時某些「電腦高手」給的建議就是「先關掉防火牆再說」，常常在關閉防火牆後，程式就能順利運作，然而，這位高手後面沒有說的是：「可以正常運作，表示是防火牆設定有問題，找出問題並修正，然後打開防火牆。」

　　我們不會因為有一天開門夾到手就從此不關門，防火牆可以讓我們的電腦保有最基本的防線，學習正確的防火牆設定，並且保持開啟它，是確保資訊安全的一個重要步驟。

習 題

1. 名詞解釋：(a) 路由器　(b) 交換器　(c) ICMP　(d) ARP　(e) MAC

2. TCP/IP 分為哪四層？為什麼要切割成多個層？

3. 防火牆分為哪些種類？有什麼不同？

4. 請進行防火牆實驗，封鎖針對遠端電腦的 443 埠連線。

5. 什麼是三方交握？

6. 為什麼需要 ARP 協定？

7. 路由器與交換器有什麼不同？市面上的無線網路分享器是屬於路由器或是交換器？

筆 記 欄

第 **2** 章

安全性技術

章節體系架構 ▼

公開金鑰架構

在這個章節，我們將介紹在資訊安全領域中常見到的一些技術性細節，資訊安全的相關演算法經常是以數學模型為基礎來開發，我們在這裡會盡量以概念來取代數學運算，減少複雜的計算過程，以便讓大家對這些常見到的技術名詞有充分的認知。

公開金鑰架構 (Public Key Infrastructure，PKI) 係由**公開金鑰加密技術** (Public Key Cryptography)、**憑證中心** (Certificate Authority)、**註冊中心** (Registration Authority) 與憑證所組成。這是一項仍在演進中的安全技術，其目的是為了讓不同廠商、不同系統可以結合起來，為資訊安全的需求提供服務，所以稱之為架構，而不是一個特定的產品。

公開金鑰加密技術

我們先來解釋什麼是公開金鑰加密技術，這個技術會採用兩種不同的鑰匙，一把用來加密資料，另一把用來解密資料，聽起來就跟平常所使用的鑰匙觀念不同。平時我們用同一把鑰匙來開門、關門，但是這把鑰匙如果被惡意人士拿走，我們想保護的資料就會被全部拿走了。

在公開金鑰加密技術中，用一把金鑰加密，只能用與其成對的另一把金鑰解密，而這兩把鑰匙成對但彼此是不互通的，即使惡意人士取得其中一把也沒有用處，因為無法由其中一把鑰匙去「計算」出另一把。

想像一下兩部在網路上的電腦，電腦 A 將資料用金鑰加密後，要怎麼讓電腦 B 解密呢？我們勢必要使用一些可以讓電腦 B 知道解密的方法，這也是為什麼稱這個方法為「公開」的原因，加密與解密的這兩把鑰匙，可以公開其中一把，公開的稱為**公鑰** (Public Key)，另一把不公開的稱為**私鑰** (Private Key)。

如果我們把電腦 A 負責加密的金鑰予以公開了，大家就可以知道資料是用這個金鑰來加密，而我們必定是傳送資料給知道怎麼解密的電腦 B，也就是說，電腦 B 必定是已經知道解密的私鑰是什麼。

相反地，如果解密的金鑰是公開的，現在電腦 A 用私鑰加密後，傳送給電腦 B，電腦 B 用公開金鑰解密成功，就可以驗證資料是由電腦 A 傳送而來，因為其它人並沒有可以加密的私鑰，如圖 2-1 所示。

私鑰必須進行完整的保護，若是私鑰外洩或甚至只是有外洩的疑慮，都應該將這組金鑰撤銷。

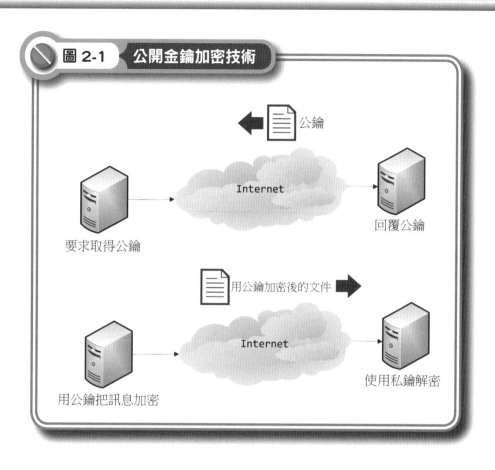

圖 2-1 公開金鑰加密技術

公鑰

Internet

回覆公鑰

要求取得公鑰

用公鑰加密後的文件

Internet

使用私鑰解密

用公鑰把訊息加密

公開金鑰還可以用來做數位簽章，數位簽章的特性包含了下列三種：

1. 鑑別性 (Authentication)：可以用以鑑別文件的真偽，判斷文件是否經過他人偽造。

2. 完整性 (Integrity)：確認文件內容沒有經過篡改。

3. 不可否認性 (Non-repudiation)：簽章者在事後沒辦法否認曾經簽署過這份文件。

數位簽章運作的示意圖如圖 2-2。

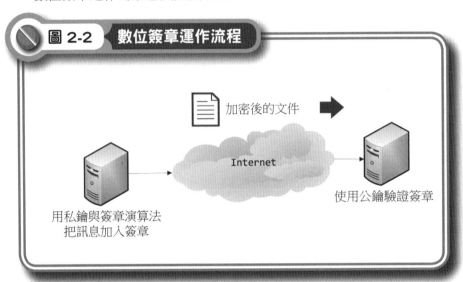

圖 2-2　數位簽章運作流程

加密後的文件

Internet

使用公鑰驗證簽章

用私鑰與簽章演算法
把訊息加入簽章

憑證中心

　　安全憑證是由 CA (Certificate Authority ，憑證中心) 來發行，憑證中心的用途在於將一個使用者與一份安全性**憑證 (Certificate)** 對應在一起。

　　當兩方在交換訊息時，CA 扮演的就是一個讓人信得過的第三方，例如兩個使用者 A 與 B，A 想要傳送訊息給 B，這時 B 收到訊息時，要如何確認訊息真的是由 A 傳送而來？這時若 A 所傳送的訊息包含了 CA 所發送的憑證，證明是 A 本人，而 B 也信任這個 CA 憑證，則 B 可以放心的接收這個訊息。

小博士解說

　　使用者必須要相信 CA 對於憑證的發放是合法且經過確認的，若是使用者 B 不信任 CA 機制，那麼使用者 A 當然沒辦法透過 CA 憑證來說服 B 去接收訊息，然而，CA 機制已經是相對非常具有保障的機制，若是不信任 CA，很多安全機制就更難以信任了。

以台灣來看，行政院研考會設立了**政府憑證總管理中心** (Government Root Certification Authority , http://grca.nat.gov.tw)，如圖 2-3。此中心會簽發 CA 憑證給下層 CA，來證明此 CA 是一個可信賴的憑證中心。簽發自然人憑證的單位是中華民國內政部憑證管理中心 (http://moica.nat.gov.tw/)，它是政府憑證總管理中心底下第一層的 CA 單位。

圖 2-3 政府憑證總管理中心 (http://grca.nat.gov.tw)

小博士解說

　　政府憑證總管理中心 (Government Root Certification Authority, GRCA)，為政府機關公開金鑰基礎建設階層架構的最頂層憑證機構，也是公開金鑰基礎建設的信賴起源，當然需要有最高的公信度，因此依據憑證政策之保證等級第四級運作，以國家的權威來做為背書。總管理中心負責基礎建設領域內外憑證機構間的交互認證，目前是由國家發展委員會以委外服務方式來委託中華電信數據分公司處理。

　　一個網站可以申請 SSL 憑證，用來讓使用者識別這個網站是否就是其所宣稱的單位而不是仿冒的，CA 會發送一個證書予申請單位，以 Windows IIS 為例，可在如圖 2-4 的地方看到伺服器憑證功能，這個證書的格式是以 X.509 為標準，內容包含了簽證單位的資訊、公鑰使用者的資訊、公鑰內容、權威機構的簽章與有效期限，如圖 2-5 與圖 2-6，可以看到 Google 網站的憑證內容，簽發者是 Google Internet Authority G2，也可以看到金鑰的長度是 2048 位元。

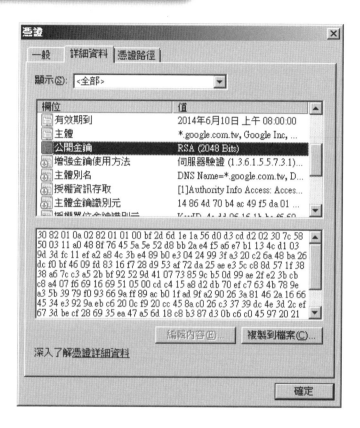

圖 2-6　公開金鑰的內容

 小博士解說

　　可能會有人有疑問，若是 Google 可以對自己旗下的網站簽發憑證，怎麼知道一個網站的憑證是否真的可以信任？ CA 憑證發行機構是一種權威單位，是可信賴的第三方，它的目的是為這個網站提供一個背書與責任，瀏覽器會依受信任的憑證機構列表來檢查伺服器的數位憑證是否有效，也會到註冊中心或是憑證中心檢查憑證，不是一個單位片面想成立 CA 就能成立 CA，必須經過政府機關的審核與國際上的認定。

在 Windows 作業系統中，可以看到受信任的憑證發行者與不受信任的發行者，如圖 2-7，若一間 CA 中心是有問題的，將會導致它被列入不受信任的發行者。

圖 2-7　不受信任的發行者

註冊中心的責任是什麼呢？

　　註冊中心的角色可以稱為「憑證檢查中心」。憑證在運作時需要檢查憑證是否有效，若所有的憑證都在同一部伺服器進行驗證，可想而知憑證伺服器的負擔有多大。註冊中心可以用來分擔憑證中心的工作，減低憑證中心伺服器的負擔，註冊中心本身是不能接受憑證申請的。示意圖如圖 2-8，電腦 A 與 RA 具有較快的連線速度時，可以由 RA 來驗證電腦 B 的憑證，而電腦 B 可以直接與 CA 連線驗證憑證。

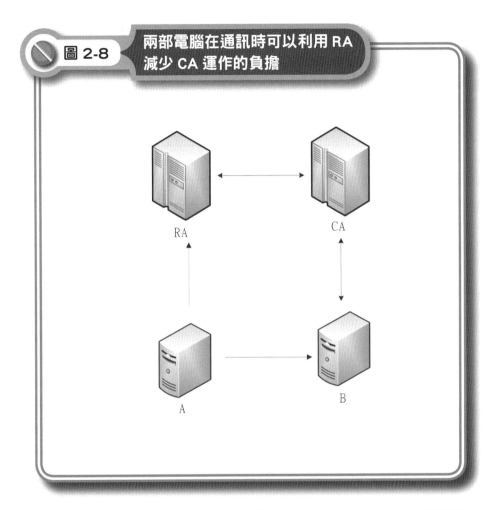

圖 2-8 兩部電腦在通訊時可以利用 RA 減少 CA 運作的負擔

RA

CA

A

B

　　前面提到了憑證是是以 X.509 來做為格式標準，內容包含了簽證單位的資訊、公鑰使用者的資訊、公鑰內容、權威機構的簽章、演算法與有效期限，X.509 是由 ITU (International Telecommunication Union，國際電信聯盟) 所支援的憑證格式。

　　憑證的用途是將公開金鑰與使用者身分對應在一起。當憑證出現問題，例如遭竊，就需要進行憑證撤銷，CA 會先將這份憑證登錄為已撤銷。註銷或逾期的憑證將被列入**憑證註銷列表** (Certificate Revocation List，CRL)，可以建立專門發佈 CRL 的**伺服器** (CRL Issuers) 來減低 CA 的負荷。

　　X.509 常使用的副檔名有 pem、cer、crt、der、p7b、p7c、p12 與 pfx 等，它們的差異如表 2-1，這些格式都是可以互相轉換的。

表 2-1　X.509 檔名的差異

副檔名	意義
pem	使用Base64編碼的ASCII文件，其中會包含： "-----BEGIN CERTIFICATE-----" 和 "-----END CERTIFICATE-----" 的頭尾標記
cer、crt、der	使用二進制而不是Base64編碼
p7b、p7c	使用Base64的格式，會包含： "BEGIN PKCS7-----" 和 "-----END PKCS7-----" 的頭尾標記。 只能存儲認證證書或證書路徑中的證書，不能存儲私鑰。
p12、pfx	使用二進制來儲存並以密碼保護，儲存個人憑證與私鑰。

小博士解說

　　X.509 起始於 1998 年 7 月 3 日，是由國際電信聯盟（ITU-T）制定的數位憑證標準。ITU 制定了 X.500 一系列的標準，目的是為了提供公用網線的使用者目錄資訊服務。其中 X.500 和 X.509 是安全認證系統的核心，X.500 主要是在定義區別命名規則，用命名樹的結構來驗證用戶名稱的唯一性；X.509 則是基於 X.500 之上，利用用戶名稱來提供通信實體鑑別的機制，並規定了實體鑑別過程中使用憑證的語法與介面。X.509 的目的是證實這個已簽發憑證，確實是憑證上宣稱的那個人、單位所發行的。

PKI 的架構看起來是不是很複雜呢？

圖 2-9 是 PKI 架構的運作流程示意圖，使用者與 CA、RA 之間的溝通主要即是憑證的註冊、管理、註銷申請等程序。

圖 2-9　PKI 架構

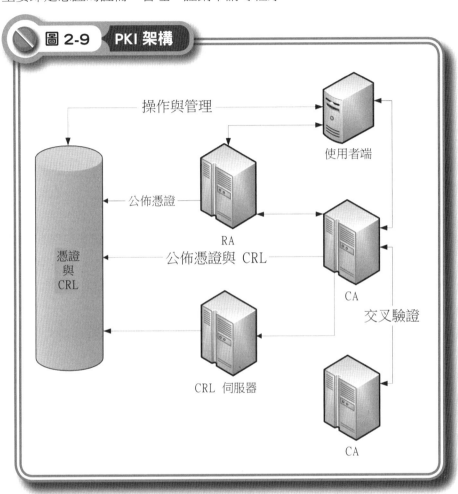

操作與管理

使用者端

公佈憑證

RA

憑證與 CRL

公佈憑證與 CRL

CA

交叉驗證

CRL 伺服器

CA

CA

小博士解說

　　註冊中心 (RA) 並不是一定需要的設備，而是屬於加速憑證處理速度的一種改良，原則上各個企業都能為自己的員工建立 CA，並讓員工以企業內部核發的憑證來驗證使用者，除非是跨國企業，或是分公司所在的位置較遠，否則一般情況下是不必去建置 RA 的，不過也有企業會使用 RA 來擔任備援的角色。

Unit 2-2
OpenSSL

1　OpenSSL 工具介紹

　　OpenSSL 是一個很強大的工具程式，這個軟體專案的開發目的在於提供一個穩健的、商業級的、全功能且開放原始碼的 SSL/TLS 工具，同時也是個強度足夠的通用加解密函式庫。從這裡可以知道這個軟體專案具有很大的理想，而現實上它的確是非常實用的工具程式，官方網站在 http://www.openssl.org，如圖 2-10。

圖 2-10　OpenSSL 的官方網站

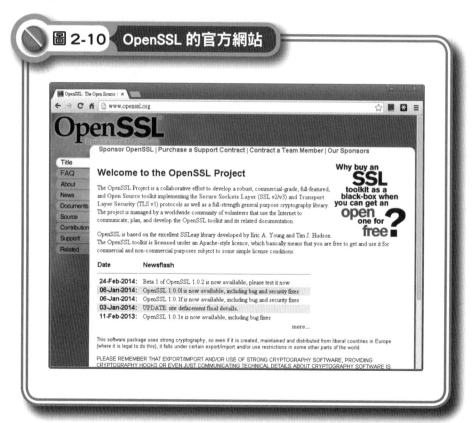

　　因為 OpenSSL 提供的不只是工具，還包含了大量的加解密演算法函式庫，所以在資訊安全的程式設計領域上，它也受到相當的歡迎，許多資訊安全相關軟體皆是透過 OpenSSL 所提供的函式庫來完成的。

OpenSSL 的主要操作是以 openssl 這支程式來完成的，格式是

openssl command[command_opts][command_args]

command 即為 openssl 的命令，而 command_opts 則是該命令的選項，最後則是命令的參數。openssl 也支援對話模式，輸入 openssl 後按下 Enter 即可進入對話模式，如圖 2-11。

圖 2-11 OpenSSL 的對話模式

在圖 2-11 中，請注意到我們是輸入一個小數點，引發 openssl 錯誤並顯示出可用的命令。可以使用的命令分為三類，第一類是標準命令，第二類是訊息摘要命令，第三類是加密命令。

雖然 OpenSSL 有那麼多的功能，但是在這個章節我們主要示範的範圍是訊息摘要與加密的部份，一般在使用時，直接使用指令與參數會是一種比較方便的用法，而不是採用對話模式。

使用在**訊息摘要** (Message Digest) 時，可以用來做數位簽章與驗證，命令格式為

```
openssl dgst
[-md5|-md4|-md2|-sha1|-sha|-mdc2|-ripemd160|-dss1] [-c]
[-d] [-hex] [-binary] [-out filename] [-sign filename]
[-keyform arg] [-passin arg] [-verify filename] [-prverify
filename] [-signature filename] [-hmac key] [file...]
```

或是

```
openssl [md5|md4|md2|sha1|sha|mdc2|ripemd160] [-c] [-d]
[file...]
```

基本參數的意義解釋如下：

■ **-md5|-md4|-md2|-sha1|-sha|-mdc2|-ripemd160|-dss1**：各種不同的訊息摘要演算法，但是其實不只這一些，利用 **openssl dgst -h**，可以看到更詳細的資訊，如圖 2-12，sha224、sha256、sha384 與 sha512 也有支援。

■ **-c**、**-d**、**-hex**、**-binary**：都是指輸出的格式，字元是 **-c**，包含 BIO 格式的偵錯資訊是 -d，16 進位碼是 -hex，而 2 進位碼是使用 -binary。

■ **-out filename**：指定要將輸出存成檔案的檔名。

■ **-sign filename**：使用 filename 所指定的檔名來做為私鑰以進行簽章。

■ **-keyform arg**：指定簽章時金鑰的格式，PEM 或是 ENGINE。

■ **-passin arg**：注意這是 passin，結尾沒有 g；這個選項用來指定私鑰密碼，arg 有五種：

■ **pass:password**：直接指定密碼。

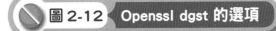

圖 2-12　Openssl dgst 的選項

```
root@network:~
[root@network ~]# openssl dgst -h
unknown option '-h'
options are
-c                 to output the digest with separating colons
-r                 to output the digest in coreutils format
-d                 to output debug info
-hex               output as hex dump
-binary            output in binary form
-sign    file      sign digest using private key in file
-verify file       verify a signature using public key in file
-prverify file     verify a signature using private key in file
-keyform arg       key file format (PEM or ENGINE)
-out filename      output to filename rather than stdout
-signature file    signature to verify
-sigopt nm:v       signature parameter
-hmac key          create hashed MAC with key
-mac algorithm     create MAC (not neccessarily HMAC)
-macopt nm:v       MAC algorithm parameters or key
-engine e          use engine e, possibly a hardware device.
-md4               to use the md4 message digest algorithm
-md5               to use the md5 message digest algorithm
-ripemd160         to use the ripemd160 message digest algorithm
-sha               to use the sha message digest algorithm
-sha1              to use the sha1 message digest algorithm
-sha224            to use the sha224 message digest algorithm
-sha256            to use the sha256 message digest algorithm
-sha384            to use the sha384 message digest algorithm
-sha512            to use the sha512 message digest algorithm
-whirlpool         to use the whirlpool message digest algorithm
```

- ■ `env:var`：從作業系統的環境變數中讀取變數 var 的值。

- ■ `file:pathname`：指定密碼所存放的檔案，檔案中的第一行即為密碼。

- ■ `fd:number`：指定檔案編號，這是用在**管線** (pipe) 的情況下。

- ■ `stdin`：由標準輸入讀取密碼。

- ■ `-verify filename`：指定用來進行簽章驗證的公鑰檔案。

- ■ `-prverify filename`：指定用來進行簽章驗證的私鑰檔案。

- ■ `-signature filename`：要驗證的簽章檔案。

- ■ `-hmac key`：利用 key 產生 MAC。

- ■ `file...`：要進行訊息摘要、雜湊演算的檔案，若是多個檔案，可用逗號隔開。

再來看 OpenSSL 用於加密的部份，命令格式如下：

```
openssl enc -ciphername [-in filename] [-out filename]
[-pass arg] [-e] [-d] [-a/-base64] [-A] [-k password]
[-kfile filename] [-K key] [-iv IV] [-S salt] [-salt]
[-nosalt] [-z] [-md] [-p] [-P] [-bufsize number] [-nopad]
[-debug] [-none] [-engine id]
```

基本參數的意義解釋如下：

- **-ciphername**：加密演算法的名稱，OpenSSL 支援了許多種加密演算法，隨著版本的更新，會支援更多更新的演算法，如圖 2-13。

- **-in filename**：指定輸入檔的檔名。

圖 2-13　OpenSSL 支援的加密演算法選項

- **-out filename**：指定輸出檔的檔名。

- **-pass arg**：這個參數的意義與用法請參考訊息摘要的部份。

- **-e**、**-d**：加密是 **-e**，解密是 **-d**。

- **-a/-base64**：**-a** 與 **-base64** 是同樣的選項，都是指對資料進行 BASE64 編碼。BASE64 的編碼會在加密之後，而若是執行解密，會先以 BASE64 解碼。

- **-A**：如果有使用 **-a**，則 **-A** 會將 BASE64 編碼成一行。

- **-k password**：這個參數已經被 **-pass** 取代了。

- **-kfile filename**：這個參數也已經被 **-pass** 取代了。

- **-K key**：要使用的加密金鑰，必須用 16 進位的值來表示，如果只有用 **-K** 沒有指定 **-pass**，就一定要再使用 **-iv** 選項來指定**初始向量** (Initial Vector)，因為若是用了 **-pass**，初始向量會由密碼來產生。

- **-iv IV**：指定初始向量為 IV。

- **-S salt**、**-salt**、**-nosalt**：這是用來指定加密時的「鹽」，**-salt** 是用隨機產生，若是用 **-S** 就是自行決定，「鹽」必須是 16 進制表示的字串。**-nosalt** 就是不使用「鹽」。

- **-z**：用 zlib 在加密前對明文壓縮，或是在解密後對明文解壓縮。

- **-md**：指定要使用哪一種雜湊法來將密碼轉換為金鑰，可以用 md2、md5、sha 等。

- **-p**、**-P**：使用 -p 時，會印出使用的 key 與 IV，若是 -P，會在印出後立即關閉程式。

- **-bufsize number**：設定 I/O 的緩衝區大小。

- **-nopad**：停用標準區塊補白。

- **-debug**：偵錯資訊。

- **-none**：這比較特殊，是指使用 NULL 加密法，就是不進行加密或解密。

051

- **-engine id**：指定要使用哪個演算法引擎，可能是指定一個硬體裝置，由此裝置來完成。

OpenSSL 還支援了測速功能，命令是 **openssl speed**，也可直接指定要測試的演算法，如圖 2-14。

我們測試了 MD4 與 MD5 的速度指標。使用 **-multi** 選項可以指定多執行緒的數量，我們以 **openssl speed md4 md5 -multi 4** 進行測試，結果大幅增長，如圖 2-15。

圖 2-14　測試 MD4 與 MD5 的速度指標

```
[root@network ~]# openssl speed md4 md5
Doing md4 for 3s on 16 size blocks: 10562357 md4's in 3.00s
Doing md4 for 3s on 64 size blocks: 7915786 md4's in 3.00s
Doing md4 for 3s on 256 size blocks: 4638607 md4's in 2.99s
Doing md4 for 3s on 1024 size blocks: 1755064 md4's in 3.00s
Doing md4 for 3s on 8192 size blocks: 258041 md4's in 3.00s
Doing md5 for 3s on 16 size blocks: 7703011 md5's in 3.00s
Doing md5 for 3s on 64 size blocks: 5635583 md5's in 3.00s
Doing md5 for 3s on 256 size blocks: 3197941 md5's in 3.00s
Doing md5 for 3s on 1024 size blocks: 1159206 md5's in 3.00s
Doing md5 for 3s on 8192 size blocks: 167796 md5's in 3.00s
OpenSSL 1.0.1e-fips 11 Feb 2013
built on: Wed Jan  8 18:40:59 UTC 2014
options:bn(64,64) md2(int) rc4(16x,int) des(idx,cisc,16,int) aes(partial) idea(i
nt) blowfish(idx)
compiler: gcc -fPIC -DOPENSSL_PIC -DZLIB -DOPENSSL_THREADS -D_REENTRANT -DDSO_DL
FCN -DHAVE_DLFCN_H -DKRB5_MIT -m64 -DL_ENDIAN -DTERMIO -Wall -O2 -g -pipe -Wall
-Wp,-D_FORTIFY_SOURCE=2 -fexceptions -fstack-protector --param=ssp-buffer-size=4
 -m64 -mtune=generic -Wa,--noexecstack -DPURIFY -DOPENSSL_IA32_SSE2 -DOPENSSL_BN
_ASM_MONT -DOPENSSL_BN_ASM_MONT5 -DOPENSSL_BN_ASM_GF2m -DSHA1_ASM -DSHA256_ASM -
DSHA512_ASM -DMD5_ASM -DAES_ASM -DVPAES_ASM -DBSAES_ASM -DWHIRLPOOL_ASM -DGHASH_
ASM
The 'numbers' are in 1000s of bytes per second processed.
type            16 bytes     64 bytes     256 bytes    1024 bytes   8192 bytes
md4             56332.57k    168870.10k   397151.64k   599061.85k   704623.96k
md5             41082.73k    120225.77k   272890.97k   395675.65k   458194.94k
[root@network ~]#
```

圖 2-15　加入 - multi 選項

```
OpenSSL 1.0.1e-fips 11 Feb 2013
built on: Wed Jan  8 18:40:59 UTC 2014
options:bn(64,64) md2(int) rc4(16x,int) des(idx,cisc,16,int) aes(partial) idea(i
nt) blowfish(idx)
compiler: gcc -fPIC -DOPENSSL_PIC -DZLIB -DOPENSSL_THREADS -D_REENTRANT -DDSO_DL
FCN -DHAVE_DLFCN_H -DKRB5_MIT -m64 -DL_ENDIAN -DTERMIO -Wall -O2 -g -pipe -Wall
-Wp,-D_FORTIFY_SOURCE=2 -fexceptions -fstack-protector --param=ssp-buffer-size=4
 -m64 -mtune=generic -Wa,--noexecstack -DPURIFY -DOPENSSL_IA32_SSE2 -DOPENSSL_BN
_ASM_MONT -DOPENSSL_BN_ASM_MONT5 -DOPENSSL_BN_ASM_GF2m -DSHA1_ASM -DSHA256_ASM -
DSHA512_ASM -DMD5_ASM -DAES_ASM -DVPAES_ASM -DBSAES_ASM -DWHIRLPOOL_ASM -DGHASH_
ASM
md4             222247.01k   672337.96k   1591974.49k  2392664.06k  2824768.17k
md5             165270.81k   485936.30k   1096382.89k  1585887.57k  1839525.93k
[root@network ~]#
```

OpenSSL 的 HeartBleed 漏洞

在 2014 年 4 月，OpenSSL 公告了一個漏洞 (CVE-2014-0160)，這個漏洞被稱為 HeartBleed (http://heartbleed.com/)，CVE-2014-0160 的相關資訊可以從 https://cve.mitre.org/cgi-bin/cvename.cgi?name=CVE-2014-0160 來查詢。

這個漏洞所引發的問題是能讓攻擊者從伺服器的記憶體區段中讀取資料，長度約為 64 KB，伺服器在收到 heartbeat 封包後，利用封包中的變數來引發 OpenSSL 的 memcpy 函數在複製記憶體資料時，複製到錯誤的內容，再透過擷取記憶體內容，可以得到包含 SSL 私鑰等資料。

相對於公鑰本來就可以公開取得，私鑰是屬於絕對機密的資訊，導致所有以此公鑰與私鑰加密的資料不再具有保密性，因此被稱為數年來最嚴重的問題之一。

影響範圍從 OpenSSL 1.0.1 到 1.0.1f、1.0.2-beta 到 1.0.2-beta1，因為 OpenSSL 內建於許多 Linux 作業系統中，因此許多作業系統都受到影響，而只要是使用了 OpenSSL 的程式、服務或工具，也都在影響範圍內，由 DevCore (http://devco.re/blog/2014/04/11/openssl-heartbleed-how-to-hack-how-to-protect/) 指出，受影響的系統版本包含了：

- Debian Wheezy (stable), OpenSSL 1.0.1e-2+deb7u4
- Ubuntu 12.04.4 LTS, OpenSSL 1.0.1-4ubuntu5.11
- CentOS 6.5, OpenSSL 1.0.1e-15
- Fedora 18, OpenSSL 1.0.1e-4
- OpenBSD 5.3 (OpenSSL 1.0.1c 10 May 2012) and 5.4 (OpenSSL 1.0.1c 10 May 2012)
- FreeBSD 10.0 - OpenSSL 1.0.1e 11 Feb 2013
- NetBSD 5.0.2 (OpenSSL 1.0.1e)
- OpenSUSE 12.2 (OpenSSL 1.0.1c)

OpenSSL 的公告可以由 https://www.openssl.org/news/secadv_2014 0407.txt 來查詢，內容如圖 2-16。

圖 **2-16**　OpenSSL 官方網站公告

修復此問題的 OpenSSL 版本為 1.0.1g / 1.0.2-beta2，然而，CentOS 等系統的系統管理員可能會發現，即使使用了

```
yum update openssl
```

指令，OpenSSL 的版本仍會是 1.0.1e 版，先不用擔心，使用

```
openssl version -a
```

來檢查版本的詳細資訊，其中「built on」的部份只要是在 2014 年 4 月 7 日之後，就表示 hearbleed 問題已修復，如圖 2-17。

圖2-17 OpenSSL 版本詳細資訊

```
root@network:~
[root@network ~]# openssl version -a
OpenSSL 1.0.1e-fips 11 Feb 2013
built on: Tue Apr  8 02:39:29 UTC 2014
platform: linux-x86_64
options:  bn(64,64) md2(int) rc4(16x,int) des(idx,cisc,16,int) idea(int) blowfis
h(idx)
compiler: gcc -fPIC -DOPENSSL_PIC -DZLIB -DOPENSSL_THREADS -D_REENTRANT -DDSO_DL
FCN -DHAVE_DLFCN_H -DKRB5_MIT -m64 -DL_ENDIAN -DTERMIO -Wall -O2 -g -pipe -Wall
-Wp,-D_FORTIFY_SOURCE=2 -fexceptions -fstack-protector --param=ssp-buffer-size=4
 -m64 -mtune=generic -Wa,--noexecstack -DPURIFY -DOPENSSL_IA32_SSE2 -DOPENSSL_BN
_ASM_MONT -DOPENSSL_BN_ASM_MONT5 -DOPENSSL_BN_ASM_GF2m -DSHA1_ASM -DSHA256_ASM -
DSHA512_ASM -DMD5_ASM -DAES_ASM -DVPAES_ASM -DBSAES_ASM -DWHIRLPOOL_ASM -DGHASH_
ASM
OPENSSLDIR: "/etc/pki/tls"
engines:  dynamic
[root@network ~]#
```

小博士解說

　　OpenSSL 的 Heartbleed 漏洞問題，讓亞馬遜網站、Google、雅虎等各網站，均受到影響。除了我們列出的作業系統產品之外，下列產品也受到波及：

- 網站伺服器：Apache HTTP Server、Nginx。
- 虛擬化：VMware ESXi 5.5、vCenter Server 5.5、VMware Fusion 6.0.x、VMware Horizon View 5.3 Feature Pack 1、NSX-MH 4.x、NSX-V 6.0.x、NVP 3.x、VMware Fusion 6.0.x 等。
- 資料庫：MySQL、MariaDB 和 PostgreSQL。
- 資訊安全軟體：McAfee ePolicy Orchestrator、McAfee Next Generation Firewall (Stonesoft)、McAfee Firewall Enterprise、McAfee SIEM、McAfee Email Gateway、McAfee Web Gateway、Symantec SEPM 12.1 RU2 到 Symantec 12.1 RU4 MP1、F- Secure Server Security、F-Secure E-mail、F- Secure Server Security 10.x 到 11 版、F- Secure PSB Server Security/Email Server Security 10.00 版、F-Secure Messaging Secure Gateway 7.5、F- Secure Protection Service for Email 7.5、Kaspersky Security Center 10 Maintenance Release 1(10.1.249 版)、Kaspersky Security Center 10 (10.0.3361 版)。

　　為了維護商譽與挽回客戶信心，大多數的廠商都在事件發生後盡速發出修補程式，但某些軟體可能需要較長的時間才能提供修補程式，此時有賴使用者自己注意使用這些軟體的安全。

Unit 2-3
加密與雜湊演算法

在進行資料加密，或是進行驗證時，背後的原理與計算過程就是使用加密演算法與雜湊演算法，這個章節中，我們將針對較具代表性的演算法來做介紹，我們並不打算強調數學模型，而是以概念為主。

1　Data Encryption Standard (DES)

DES 是一種對稱式加密法，所謂對稱式加密，是指加密與解密所使用的演算法或金鑰是同一個。DES 在 1977 年的時候被美國國家標準局制定為加密標準，雖然到了現代已經被視為安全性不足，但是它的速度快且仍具備一定的安全性，不那麼容易被破解，所以雖然漸漸式微，但仍常見到其蹤影。

DES 的金鑰長度為 56 位元，加入 8 位元的同位元檢查碼，共 64 位元；明文與密文的區塊長度都是 64 位元；加密演算法的計算次數為 16 次，每一次都會使用一把不同的子鑰；子鑰是什麼呢？它是由金鑰所產生的，在整個過程中將會產生 16 把子鑰，每一把的長度是 48 位元；因為 DES 是對稱式加密，所以解密時也需要這 16 把子鑰，在解密時，反序輸入子鑰來進行計算即可。

DES 的加密流程

1. 把未加密的明文以 64 位元為單位做分割，如果不到 64 位元，就補 0 來填滿到 64 位元。

2. 進行初始排列。

3. 選擇 16 把金鑰。

4. 用每一把金鑰進行加密動作，合計共 16 次。

5. 進行結束排列。

我們在這裡以 OpenSSL 工具來示範 DES 的實作，如圖 2-18。

圖 2-18　使用 OpenSSL 來進行 DES 加密與解密

一開始我們建立一個檔案，名為 des.txt，內容是 1234567890abcdefg hijklmnopqrstuvwxyz，然後我們利用 OpenSSL 工具，使用 –des-cbc 來進行 DES 加密，輸出的檔名為 des_encrypted.txt，openssl 會詢問一組加密密碼，必須用這組密碼才能解密，當然啦，密碼會直接影響到加密的內容。然後我們將檔案內容以 cat 指令列印出來，發現它的內容是一串無法顯示的亂碼，也就是內容已經變成了不是可以被辨識的文字。

使用 OpenSSL 解密時，必須輸入與加密時所使用的同一組密碼，解密後可以發現我們得到了正確的明文。

2　Advanced Encryption Standard (AES)

DES 在推出後，漸漸成為了主流加解密演算法，主流的背後表示了它是惡意人士的主要攻擊目標。因此 NIST (National Institute of Standards and Technology) 在 1997 年公開徵求新的加密方法，並將此方法直接命名為 Advanced Encryption Standard，進階加密標準，這就是 AES 的由來。當時 NIST 的要求有下列幾個：

- 加密編碼法與演算法必須是公開的，不能被當成商業機密來保護。
- 加密編碼法必須可以在世界各地免費使用，不需申請授權，也不必負擔權利金。
- 加密編碼法必須支援 128 位元以上的區塊，金鑰長度至少要 128 個位元、192 個位元與 256 個位元。

最後在 2000 年的時候，NIST 選出了幾個候選演算法，最後選中的版本再經過 NIST 的改良，才是我們目前看到的版本，在 http://csrc.nist.gov/archive/aes/index.html 可以下載官方文件與範例程式。

AES 有三個主要參數：明文區段數量、金鑰區塊數量與重複次數。

(1) 明文區段數量是明文的長度用 32 位元去拆解分段，因為明文區塊的標準長度是 128 位元，所以明文區段數量就是 4。

(2) AES 依金鑰的長度分為三種版本：AES-128、AES-192 與 AES-256，而金鑰區塊數目是指加密用的金鑰可以分成幾個 32 位元的區塊，使用 AES-128 時，金鑰區塊數目就是 4，當金鑰的長度是 192 位元時，金鑰區塊數目就是 6，若是使用 AES-256，金鑰區塊數目就是 8。

(3) 重複次數是指加密的時候，總共需要進行幾次運算。

NIST 對 AES 的三種版本制定了參數參考值如表 2-2。

表 2-2　AES 三種版本的參數參考值

	明文區段數量	金鑰區塊數量	重複次數
AES-128	4	4	10
AES-192	4	6	12
AES-256	4	8	14

我們一樣使用 OpenSSL 來示範一次加密與解密的過程與效果，如圖 2-19。我們在這個示範中使用 AES-128 來加密，原來的明文一樣是 1234567890abcdefghijklmnopqrstuvwxyz，可以看到加密後的 aes_encrypted.txt 檔案內容變成了無法辨識的亂碼，在加密與解密時都需要使用一組密碼，輸入正確的密碼即可在解密後得到原來的明文。

圖 2-19　使用 OpenSSL 來進行 AES 加密與解密

3　RSA

　　RSA 演算法是由 Rivest、Shamir 與 Adleman 三人在 1977 年所提出，此演算法的名字就是由三位名字的首個字母所組成。

　　RSA 是一種非對稱加密演算法，也就是加密與解密是使用不同的金鑰，這兩把鑰匙要能夠互相合作，背後是利用了巧妙的數學原理，在 1976 年的時候，Whitfield Diffie 與 Martin Hellman 提出了一種概念，假設加密的方法是 E，解密的方法是 D，明文是 P，E 與 D 並不相同，而且在只有 E 的情況下不容易推算出 D。

　　這個概念在 1978 年由 Rivest、Shamir 與 Adleman 三人所提出的公鑰系統所解決，而完成公鑰系統的一個重要元素就是 RSA 演算法。

　　在數學上，mod 指的是取餘數的一種運算，一個正整數 n，除以一個整數 p，可以得到商數 q，與餘數 a，它們的關係可以表達為

$$n - a = pq$$

或是

$$n = pq + a$$

再考慮第二個正整數 m，若是 m 除以 p 一樣可以得到餘數 a，我們就將 m 與 n 表示為

$$m \equiv n \pmod{p}$$

我們簡稱之為「m 與 n 對模 p 同餘」，「模 p」的意思就是「對 p 取 mod 運算」，注意這裡我們使用「≡」而非等號「=」，因為這並不是一個等式，「≡」在這裡是「相當於」而非「等於」，為什麼呢？

我們看這個例子「10 與 17 對模 7 同餘」：

$$10 \bmod 7 = 3 \text{、} 17 \bmod 7 = 3$$

10 與 17 在跟 7 進行 mod 運算時，都可以得到同一個餘數，然而若是寫 10 = 17 是錯誤的，所以我們使用這個「相當於」符號來表示：$10 \equiv 17 \;(\bmod\; 7)$。其實，就 $n = pq + a$ 來看，我們就已經可以得到 $n \equiv a \;(\bmod\; p)$，因為 $a < p$，所以

$$a \bmod p = a = n \bmod p$$

> mod 運算有一些性質：
>
> **反身性**：$m \equiv m \;(\bmod\; p)$，自己與自己對同一個數 p 求餘數，結果當然是相同的。
>
> **對稱性**：若 $m \equiv n \;(\bmod\; p)$ 則 $n \equiv m \;(\bmod\; p)$；這只是將 ≡ 的兩邊交換，自然是相等的。
>
> **遞移性**：若 $a \equiv b \;(\bmod\; n)$ 且 $b \equiv c \;(\bmod\; n)$ 則 $a \equiv c \;(\bmod\; n)$；因為 a 與 b 對模 n 同餘，假設 $a = np + m$，$b = nq + m$，又 b 與 c 對模 n 同餘，可知 $c = nr + m$，只看 a 與 c 可發現餘數是相同的，所以 $a \equiv c \;(\bmod\; n)$。

假設我們現在將一個數值 a 經過某種演算法運算後得到數值 b，如果現在我們找到一個方法，可以透過某個數值 c 與 b 反推出 a 的值為何，則 c 稱為 a 的反函數或**反向暗門** (Inverse Backdoor)，反向暗門如果只有唯一一種，就稱為單向暗門，沒有反向暗門，就表示我們可以進行加密但是卻找不到另一個數字可以用來解密，若有單向暗門，表示這兩個數值會是唯一一組可以用來互相還原的數值。

RSA 演算法主要是利用**同餘指數** (Modular Exponentiation) 的觀念，在看同餘指數之前，我們先來看同餘乘法，同餘乘法的性質是

$$(m \;(\bmod\; p) \times n \;(\bmod\; p)) \;(\bmod\; p) = m \times n \;(\bmod\; p)$$

我們利用一個較小的數值來示範同餘乘法的反向暗門，如表 2-3，例如

$$3 \times 7 \bmod 10 = 1$$

對一個數值 A 尋找模數 n 之反向暗門的方式，是去尋找 A^{-1} 來滿足

$$A \times A^{-1} \equiv 1 \ (\bmod \ n)$$

所以若兩個數值相乘後，對於模數 n 的餘數都是 1，則這兩個就互為對方的反向暗門，在表 2-3 中，哪些數字相乘的結果在 mod 10 之後會是 1 呢？有下列 4 組：

$$1 \rightarrow 1$$
$$3 \rightarrow 7$$
$$7 \rightarrow 3$$
$$9 \rightarrow 9$$

表 2-3 0 到 9 互乘與模數 10 的結果

x	0	1	2	3	4	5	6	7	8	9
0	0	0	0	0	0	0	0	0	0	0
1	0	1	2	3	4	5	6	7	8	9
2	0	2	4	6	8	0	2	4	6	8
3	0	3	6	9	2	5	8	1	4	7
4	0	4	8	2	6	0	4	8	2	6
5	0	5	0	5	0	5	0	5	0	5
6	0	6	2	8	4	0	6	2	8	4
7	0	7	4	1	8	5	2	9	6	3
8	0	8	6	4	2	0	8	6	4	2
9	0	9	8	7	6	5	4	3	2	1

假設現在要對一個數值 8 加密，選用 3 與 7 這組數值來做加密與解密，首先

$$3 \times 8 \equiv 4 \ (\mathrm{mod}\ 10)$$

加密的結果是 4，當密文為 4，解密的鑰匙為 7 時，

$$7 \times 4 \equiv 8 \ (\mathrm{mod}\ 10)$$

可推算出答案是 8。

再來看同餘指數，同餘指數是對模 n 進行指數運算，例如 $5^3 \ \mathrm{mod}\ 3 = 125 \ \mathrm{mod}\ 3 = 2$，指數是乘法的結果，所以利用同餘乘法的性質，我們知道同餘指數有一個性質是

$$(a \ \mathrm{mod}\ p)b \ \mathrm{mod}\ p = (a\ (\mathrm{mod}\ p)) \times (a\ (\mathrm{mod}\ p)) \times \cdots\cdots$$

$$\times (a\ (\mathrm{mod}\ p)) \ \mathrm{mod}\ p$$

$$= ab \ \mathrm{mod}\ p$$

我們舉個例子：

$$(5 \ \mathrm{mod}\ 3)^3 \ \mathrm{mod}\ 3 = (5 \ \mathrm{mod}\ 3) \times (5 \ \mathrm{mod}\ 3) \times (5 \ \mathrm{mod}\ 3) \ \mathrm{mod}\ 3$$

$$= 5^3 \ \mathrm{mod}\ 3 = 2$$

$$(5 \ \mathrm{mod}\ 3)^3 \ \mathrm{mod}\ 3 = 2^3 \ \mathrm{mod}\ 3 = 8 \ \mathrm{mod}\ 3 = 2 = 5^3 \ \mathrm{mod}\ 3$$

我們利用一個較小的數值來示範同餘指數的反向暗門，表 2-4 是 $xy \ \mathrm{mod}\ 10$ 的計算結果，例如在 $x = 4$ 且 $y = 5$ 時，

$$x^y \ \mathrm{mod}\ 10 = 1024 \ \mathrm{mod}\ 10 = 4$$

透過表 2-4，我們得到一組 xy，透過表 2-3，我們知道兩組 xy 相乘後在模數 10 的計算結果，而我們可以知道可以組成反向暗門的組合依然是

$$1 \rightarrow 1$$
$$3 \rightarrow 7$$
$$7 \rightarrow 3$$
$$9 \rightarrow 9$$

我們來看一個範例，當要加密的對象是 8，選用 3 與 7 來做為加密與解密的搭配，此時加密的過程變成

$$8^3 \equiv 2 \ (\mathrm{mod}\ 10)$$

表 2-4 $x^y\ mod\ 10$ **的計算結果**

$y \rightarrow$ $x \downarrow$	0	1	2	3	4	5	6	7	8	9
0	1	0	0	0	0	0	0	0	0	0
1	1	1	1	1	1	1	1	1	1	1
2	1	2	4	8	6	2	4	8	6	2
3	1	3	9	7	1	3	9	7	1	3
4	1	4	6	4	6	4	6	4	6	4
5	1	5	5	5	5	5	5	5	5	5
6	1	6	6	6	6	6	6	6	6	6
7	1	7	9	3	1	7	9	3	1	7
8	1	8	4	2	6	8	4	2	6	8
9	1	9	1	9	1	9	1	9	1	9

而解密的過程則是

$$2^7 \equiv 8 \text{ (mod 10)}$$

可以得到加密的資料原來的值是 8。

　　RSA 演算法主要是使用同餘指數，因為指數運算可以產生相當大的數值，避免在短時間內被暴力法破解。

　　在 RSA 演算法中，將明文切割為數個區塊，金鑰的長度必須與區塊相同，假設區塊的長度是 t，每個區塊在加密後變成一個數值，這個數值的大小會小於 n，因為長度是 t，所以 $2^t < n < 2^{t+1}$。假設明文為 P，P 與一個區塊 M 的關係是

$$M \equiv P^e \text{ (mod } n)$$

$$P \equiv M^d \text{ (mod } n) \equiv P^{ed} \text{ (mod } n)$$

在加密時需要知道 n 與 e 的值，在解密時需要知道 n 與 d。為了解釋 $M \equiv P^e \pmod{n}$，這時我們需要導入 Euler 定理：

> 若 m 與 n 互質，則
>
> $$m^{\varphi(n)} \equiv 1 \pmod{n}$$
>
> 且
>
> $$m^{\varphi(n)+1} \equiv m \pmod{n}$$
>
> 其中 $\varphi(n)$ 為 Euler's Totient 函數，表示小於 n 且與 n 互質的正整數個數，且若 n 等於兩質數 p 與 q 的乘積，則
>
> $$\varphi(n) = \varphi(p) \times \varphi(q) = (p-1)(q-1)$$

φ 數是數學中一個很特別的性質，我們示範 Euler 定理如下，假設 $m = 7$ $n = 10$，$\varphi(10)=|\{1,3,7,9\}| = 4$，則

$$7^4 = 2401 \equiv 1 \pmod{10}$$

$$7^5 = 16807 \equiv 7 \pmod{10}$$

以 $\varphi(10)$ 為例，$\varphi(10) = \varphi(2 \times 5) = (2-1)(5-1) = 4$。

我們來看 $P \equiv P^{ed} \pmod{n}$，如果 $ed = k\varphi(n)+1$，由 Euler 定理：

$$P \equiv P^{ed} \pmod{n} = P^{k\varphi(n)+1} \pmod{n} \equiv P \pmod{n}$$

對於一個正整數 k，若是 $ed = k\varphi(n) + 1$，則

$$ed = k\varphi(n) + 1 \equiv 1 \pmod{\varphi(n)}$$

因為模數為 $\varphi(n)$，$k\varphi(n) + 1$ 很明顯的在 mod $\varphi(n)$ 後餘數為 1。回想一下反向暗門的性質：$A \times A^{-1} \equiv 1 \pmod{n}$，我們可以發現 e 與 d 互為反函數，注意要滿足 $ed \equiv 1 \pmod{\varphi(n)}$ 的前提是 e 或 d 要與 $\varphi(n)$ 互質。

討論質數與模數運算並不是本書的目的，因此我們回到 RSA 演算法的參數選擇上，為了滿足參數之間的關係，我們在選定參數時有以下的條件：

1 $n = pq$，p 與 q 是可以自行選定的質數，但大小不要差距太大。

2 選擇用來加密的數值 e，要滿足 e 與 $\varphi(n)$ 互質且 $e < \varphi(n)$。

3 計算出用來解密的 d，$ed \equiv 1 \pmod{\varphi(n)}$。

公鑰由 e 與 n 組成，而 d 與 n 則用來組成私鑰。

我們用一個例子來示範 RSA 演算法，假設我們的明文 P 是 25，選定 $p = 19$，$q = 23$，則 $n = 437$ 且 $\varphi(437) = 18 \times 22 = 396$；自行選定 e 是 7，再來要計算 d，由條件 $d < 437$ 與 $de \equiv 1 \pmod{396}$，我們可以找到 $d = 283$，驗證：$7 \times 283 = 1981$，1981 mod 396 = 1，公鑰即為 {7, 437}，私鑰為 {283, 437}，現在來進行加密：

$$M = 25^7 \bmod 437 = 6103515625 \bmod 437 = 427$$

在收到 M 之後，即可進行解密運算：

$$427^{283} \bmod 437 = 25$$

於是我們得到了明文 $P = 25$。

427^{283} 是一個非常大的數值，我們可以利用同餘乘法的原理來方便我們計算，而不需要真的將 427^{283} 的值計算出來：

427 mod 437 = 427

427^2 mod 437 = (427 mod 437) × (427 mod 437) mod 437 = 182329 mod 437 = 100

427^3 mod 437 = (427^2 mod 437) × (427 mod 437) mod 437 = 100 × 427 mod 437 = 311

427^4 mod 437 = (427^2 mod 437) × (427^2 mod 437) mod 437 = 10000 mod 437 = 386

...

$427^8 \bmod 437 = (427^4 \bmod 437) \times (427^4 \bmod 437) \bmod 437 = 148996 \bmod 437 = 416$

…

$427^{16} \bmod 437 = (427^8 \bmod 437) \times (427^8 \bmod 437) \bmod 437 = 173056 \bmod 437 = 4$

…

$427^{32} \bmod 437 = (427^{16} \bmod 437) \times (427^{16} \bmod 437) \bmod 437 = 16 \bmod 437 = 16$

…

$427^{64} \bmod 437 = (427^{32} \bmod 437) \times (427^{32} \bmod 437) \bmod 437 = 256 \bmod 437 = 256$

…

$427^{128} \bmod 437 = (427^{64} \bmod 437) \times (427^{64} \bmod 437) \bmod 437 = 65536 \bmod 437 = 423$

…

$427^{256} \bmod 437 = (427^{128} \bmod 437) \times (427^{128} \bmod 437) \bmod 437 = 178929 \bmod 437 = 196$

…

$427^{283} \bmod 437= (427^{256} \bmod 437) \times (427^{16} \bmod 437) \times (427^8 \bmod 437) \times (427^3 \bmod 437) \bmod 437 =196 \times 4 \times 416 \times 311 \bmod 437 = 101430784 \bmod 437 = 25$

我們利用 OpenSSL 來示範 RSA 的操作,在 OpenSSL 中,關於 RSA 的操作有三種主要指令:

> 一是產生 RSA 金鑰組合的 **genrsa**。
>
> 二是管理金鑰檔案的 **rsa**。
>
> 三是進行加密、解密、簽章或驗證的 **rsautl**。

genrsa 的基本命令格式如下,詳細的命令選項如圖 2-20。

```
openssl genrsa [args] [numbits]
```

圖 2-20　genrsa 的參數

```
[root@network ~]# openssl genrsa ?
usage: genrsa [args] [numbits]
 -des            encrypt the generated key with DES in cbc mode
 -des3           encrypt the generated key with DES in ede cbc mode (168 bit key)
 -idea           encrypt the generated key with IDEA in cbc mode
 -seed
                 encrypt PEM output with cbc seed
 -aes128, -aes192, -aes256
                 encrypt PEM output with cbc aes
 -camellia128, -camellia192, -camellia256
                 encrypt PEM output with cbc camellia
 -out file       output the key to 'file
 -passout arg    output file pass phrase source
 -f4             use F4 (0x10001) for the E value
 -3              use 3 for the E value
 -engine e       use engine e, possibly a hardware device.
 -rand file:file:...
                 load the file (or the files in the directory) into
                 the random number generator
[root@network ~]#
```

我們將較特別的參數說明如下：

■ **-out**：指定輸出檔案的檔名，如果不指定，就會使用標準輸出，也就是印在畫面上，格式是 PEM。

■ **-passout**：私鑰加密的密碼來源。

■ **-des**、**-des3**、**-idea**、**-aes128**、**-aes192**、**-aes256**、**-camellia128**、**-camellia192**、**-camellia256**：指定對私鑰要使用哪一種加密方式，若不指定就不會進行加密。

■ **-f4**、**-3**：公鑰 e 的值，若使用 **-f4**，e = 65537，若是 -3，則 e = 3，預設是 65537。

■ **-rand**：指定要用來產生亂數的檔案名稱或目錄。

　　■ **numbits**：私鑰的長度，必須是命令的最後一個選項，雖然官方文件記載預設值是 512，但程式在執行的預設值是 1024。

　　我們示範 **genrsa** 於圖 2-21，可以看到預設的 e 是 65537，而且長度都是 1024。

圖 2-21　**genrsa** 的示範

`rsa` 的命令為

```
openssl rsa [options] <infile >outfile
```

選項的意義說明如下：

- **-inform arg**：輸入的檔案格式，可以是 DER、NET 或 PEM，預設是 PEM。

- **-outform arg**：輸出的檔案格式，一樣可選用 DER、NET 或是 PEM 的其中一種。

- **-in arg**：輸入的檔案。

- **-sgckey**：使用 IIS SGC 金鑰格式。

- **-passin arg**：指定密碼檔案來源。

- **-out arg**：輸出檔案的檔名。

- **-passout arg**：指定輸出密碼的檔案。

- **-des**、**-des3**、**-idea**、**-aes128**、**-aes192**、**-aes256**、**-camellia128**、**-camellia192**、**-camellia256**、**-seed**：選擇對私鑰加密的演算法。

- **-text**：將私鑰以文字輸出。

- **-noout**：不要印出私鑰。

- **-modulus**：使用 RSA 金鑰模組輸出。

- **-check**：檢查金鑰的完整性。

- **-pubin**：在輸入的檔案中將會包含有公鑰。

■ **-pubout**：輸出公鑰。

　　為了進行 **openssl rsa** 的實驗，我們先以 **open genrsa** 產生金鑰檔案，再將產生出來的金鑰來讓 **openssl rsa** 做處理，如圖 2-22。

圖 2-22　先以 openssl genrsa 產生金鑰，再以 openssl rsa 進行處理

rsa_out.txt 的內容與說明如下：

```
Private-Key: (2048 bit)
modulus: (RSA 演算法所使用的模數)

    00:bb:80:94:e2:c8:71:29:41:e4:76:ec:dc:e4:55:
    e5:52:63:11:3e:ff:53:98:dd:f4:ff:07:00:e6:44:
    3d:d7:c8:f2:67:37:12:16:e8:89:1e:db:79:6b:bd:
    9d:03:a8:bd:72:2b:b7:ee:9d:99:e8:97:e0:e4:c3:
    9a:a4:0f:47:25:70:80:ea:19:e8:d7:aa:ea:c6:67:
    04:cb:0e:cc:10:af:b0:77:6d:df:60:50:ea:f1:6c:
    a8:23:40:c2:97:d0:33:dc:0c:96:9a:53:24:6e:e1:
    64:6f:15:c6:99:47:43:a8:0e:e7:31:8e:45:f8:3b:
    e5:32:d3:f0:b3:db:27:fc:4d:54:03:98:81:b0:b2:
    9e:64:c5:a3:2f:bb:16:a3:c2:ff:95:4d:7f:d1:e8:
    69:d6:10:d8:14:cc:77:68:a9:dd:7e:15:50:a1:65:
    c6:50:27:54:79:0c:3c:d0:ab:61:8f:05:8d:81:6a:
    4b:63:26:bd:20:57:03:9a:1b:5f:9c:87:5f:8a:5a:
    01:f0:0d:a0:79:57:19:26:f5:3c:0d:fc:a3:ae:eb:
    3e:5e:0e:eb:4d:c0:81:e7:06:79:b7:a3:71:b8:b0:
```

```
6c:63:37:c5:1d:d9:bc:b9:80:ea:8d:9f:8d:9f:bd:
2d:a2:45:e6:54:d8:e2:15:2a:9e:1b:59:01:66:be:
f2:af
```

publicExponent: 65537 (0x10001)(RSA 演算法所使用的 e)

privateExponent: (RSA 演算法所使用的 d)

```
00:b2:fd:a2:23:83:b9:12:eb:86:0f:49:39:ec:f7:
5a:7c:f5:79:67:2c:12:3f:a1:d2:d9:09:74:80:5c:
b0:b4:a7:6d:4f:be:b0:94:11:d3:a4:13:5b:ab:d0:
4c:6d:4b:cd:dd:89:82:82:55:0c:b1:8f:1a:ef:07:
13:3e:7e:1f:2a:cc:65:24:15:2b:c3:85:b3:ad:46:
76:ba:e9:1b:40:ea:96:88:cb:e8:2b:67:d3:80:38:
7b:a1:7b:96:c7:99:c7:87:ce:b4:8e:09:c4:83:dc:
c2:25:91:22:0e:fc:8a:c7:89:c2:85:fa:0d:2d:54:
f0:0d:3f:69:4e:28:6d:d9:58:ca:c5:28:bf:51:71:
eb:85:1b:16:8c:55:ec:d4:29:35:67:19:5a:51:ce:
d1:7e:c1:91:47:12:f1:8b:a1:04:3b:0e:40:ea:57:
ad:25:fd:3c:8d:3f:5e:1c:e5:21:5e:27:21:67:40:
96:b5:b3:cb:47:24:63:5f:f0:70:eb:27:e8:ac:2e:
45:4c:c8:17:3c:ef:8e:ac:88:53:13:b4:dc:aa:82:
f1:30:e1:76:3c:5c:a3:1a:50:68:f3:76:ae:3a:d6:
87:5d:92:65:6b:08:34:88:78:7d:c0:42:6b:0c:bb:
27:18:8d:b0:8b:1f:11:8a:e3:8f:3a:17:35:b7:3a:
db:c1
```

prime1: (RSA 演算法中的參數 p)

```
00:f8:3a:26:f2:f5:2c:46:e9:5d:f6:cd:d2:0e:a0:
ee:19:44:af:51:c8:21:81:1e:ca:1c:39:00:05:21:
96:74:10:af:a5:90:d2:00:bf:65:43:19:59:80:c0:
5c:6e:07:d0:65:69:0c:1a:a9:19:43:7b:7d:e5:31:
96:74:10:af:a5:90:d2:00:bf:65:43:19:59:80:c0:
5c:6e:07:d0:65:69:0c:1a:a9:19:43:7b:7d:e5:31:
6b:cb:85:e6:45:b1:fc:ed:19:71:57:78:05:a3:f2:
47:5e:fa:df:42:09:67:92:5c:0f:ea:92:fc:bf:8d:
2a:18:b1:58:b8:41:76:98:94:37:38:b7:18:d3:0f:
1d:e1:19:30:9f:0b:ce:e2:5d:10:d2:28:c6:ce:32:
98:ff:3b:ee:b7:75:63:a2:bf
```

prime2：（RSA 演算法中的參數 q）

    00:c1:5f:a4:f3:4b:96:b8:cf:0a:b0:84:86:b2:7b:
    20:59:41:9b:05:f2:e3:e4:1a:19:bb:03:55:84:04:
    98:8a:23:54:be:7b:90:0c:d7:1a:eb:05:ad:02:2e:
    9f:e5:a0:6d:a6:da:90:33:c3:05:25:ed:5b:d2:4a:
    10:01:71:6d:13:a4:34:30:4c:93:50:c8:a8:6d:f6:
    71:e0:97:f6:c6:cb:2f:b4:dd:0d:28:09:96:98:33:
    3c:24:40:68:3a:87:0a:cf:65:a6:ea:1e:0a:93:e1:
    1d:d1:16:df:df:51:82:76:c2:bc:97:59:28:3e:be:
    83:aa:a6:97:bc:16:fb:dc:11

exponent1：（RSA 演算法中的參數 $\varphi(p)$）

    00:bd:18:67:b5:6b:ca:18:17:0d:0a:c7:8e:3e:b0:
    9f:d1:45:fe:9c:b9:6d:b4:94:44:f9:2c:fe:f3:e9:
    bb:58:9d:a1:80:ea:0a:e0:a0:ed:3e:29:60:82:71:
    87:b8:16:61:cd:ef:31:56:59:fd:31:e8:30:66:d9:
    b8:39:69:be:9a:d7:55:4b:35:b7:9f:1f:82:84:7b:
    3b:9d:82:55:73:54:00:bf:81:3c:6a:c1:20:a3:b7:
    a1:1b:00:77:0a:9e:6b:ff:1d:e1:d7:65:bc:16:84:
    8c:89:7f:0c:08:0d:11:c4:65:8b:3b:dd:ee:5d:04:
    34:83:33:1f:ce:48:31:e7:b7

exponent2：（RSA 演算法中的參數 $\varphi(q)$）

    46:b0:04:e7:5f:29:60:b3:66:af:f2:32:1f:0a:7d:
    5f:c3:68:bc:fa:f6:2d:8b:10:fe:d9:10:28:ab:59:
    6b:9d:d0:bb:b5:05:8a:7c:13:7d:f8:5c:2f:21:06:
    18:75:d5:bf:99:c3:fe:f7:fa:68:cb:e4:b5:f1:96:
    fa:40:11:64:8d:b0:fa:3a:f3:db:23:0e:d6:eb:b0:
    e3:2e:09:ea:cf:99:c7:de:ca:91:69:37:e0:b9:51:
    f1:da:8d:7f:5f:a0:27:02:7c:ca:b6:62:9d:7e:3c:
    5d:13:a4:90:c9:06:0d:0d:d0:cc:ee:ad:94:8a:26:
    2d:7a:aa:9a:fa:37:e5:51

coefficient：（RSA 演算法中的參數 $\varphi(n)$）

    48:3d:8a:96:ad:b5:05:81:16:b9:0c:a5:d9:d6:ca:
    de:d2:7e:42:33:df:d0:3f:f7:10:e1:9a:38:32:49:
    64:83:c2:12:dd:7e:ea:6b:13:79:f7:fe:46:ba:af:
    19:f0:cc:b5:05:31:36:2b:c6:9b:17:e3:34:54:90:

```
    d4:c0:46:8a:36:88:a8:f4:3e:73:7d:46:9d:11
:b6:
    8b:ff:4c:ec:ab:a5:94:a5:d4:14:11:9d:6f:2c:
4f:
    07:23:9d:d4:5f:4b:c9:c5:a9:34:85:a8:30:da:
ed:
    8b:ff:4c:ec:ab:a5:94:a5:d4:14:11:9d:6f:2c:
4f:
    07:23:9d:d4:5f:4b:c9:c5:a9:34:85:a8:30:da:
ed:
    09:10:e2:88:a1:17:a6:fd:30:40:8f:5f:50:b1:
fe:
    27:cc:15:41:2b:ba:fc:78
```

-----BEGIN RSA PRIVATE KEY----- （以下即為私鑰的部份）

```
MIIEpAIBAAKCAQEAu4CU4shxKUHkduzc5FXlUmMRPv9T
mN30/wcA5kQ918jyZzcS
FuiJHtt5a72dA6i9ciu37p2Z6Jfg5MOapA9HJXCA6hno16r
qxmcEyw7MEK+wd23f
YFDq8WyoI0DCl9Az3AyWmlMkbuFkbxXGmUdDqA7nMY5F+Dv
lMtPws9sn/E1UA5iB
sLKeZMWjL7sWo8L/lU1/0ehp1hDYFMx3aKndfhVQoWXGUCd
UeQw80KthjwWNgWpL
Yya9IFcDmhtfnIdfiloB8A2geVcZJvU8Dfyjrus+Xg7rTcCB
5wZ5t6NxuLBsYzfF
Hdm8uYDqjZ+Nn70tokXmVNjiFSqeG1kBZr7yrwIDAQABAoI
BAQCy/aIjg7kS64YP
STns91p89XlnLBI/odLZCXSAXLC0p21PvrCUEdOkE1ur0Ex
tS83diYKCVQyxjxrv
BxM+fh8qzGUkFSvDhbOtRna66RtA6paIy+grZ9OAOHuhe5b
HmceHzrSOCcSD3MIl
kSIO/IrHicKF+g0tVPANP2lOKG3ZWMrFKL9RceuFGxaMVez
UKTV
nGVpRztF+wZFH
EvGLoQQ7DkDqV60l/TyNP14c5SFeJyFnQJa1s8tHJGNf8HD
rJ+isLkVMyBc8746s
```

圖解網路安全

074

```
iFMTtNyqgvEw4XY8XKMaUGjzdq461oddkmVrCDSIeH3AQmsMu
ycYjbCLHxGK4486
FzW3OtvBAoGBAPg6JvL1LEbpXfbN0g6g7hlEr1HIIYEeyhw5A
AUhlnQQr6WQ0gC/
ZUMZWYDAXG4H0GVpDBqpGUN7feUxa8uF5kWx/
O0ZcVd4BaPyR17630IJZ5JcD+qS
/L+NKhixWLhBdpiUNzi3GNMPHeEZMJ8LzuJdENIoxs4ymP877
rd1Y6K/AoGBAMFf
pPNLlrjPCrCEhrJ7IFlBmwXy4+QaGbsDVYQEmIojVL57kAzXG
usFrQIun+Wgbaba
kDPDBSXtW9JKEAFxbROkNDBMk1DIqG32ceCX9sbLL7TdDSgJl
pgzPCRAaDqHCs9l
puoeCpPhHdEW399RgnbCvJdZKD6+g6qml7wW+9wRAoGBAL0YZ
7VryhgXDQrHjj6w
n9FF/py5bbSURPks/vPpu1idoYDqCuCg7T4pYIJxh7gWYc3vM
VZZ/THoMGbZuDlp
vprXVUs1t58fgoR7O52CVXNUAL+BPGrBIKO3oRsAdwqea/8d4
ddlvBaEjIl/DAgN
EcRlizvd7l0ENIMzH85IMee3AoGARrAE518pYLNmr/
IyHwp9X8NovPr2LYsQ/tkQ
KKtZa53Qu7UFinwTffhcLyEGGHXVv5nD/
vf6aMvktfGW+kARZI2w+jrz2yMO1uuw
4y4J6s+Zx97KkWk34LlR8dqNf1+gJwJ8yrZinX48XROkkMkGD
Q3QzO6tlIomLXqq
mvo35VECgYBIPYqWrbUFgRa5DKXZ1sre0n5CM9/QP/
cQ4Zo4Mklkg8IS3X7qaxN5
9/5Guq8Z8My1BTE2K8abF+M0VJDUwEaKNoio9D5zfUadEbaL/
0zsq6WUpdQUEZ1v
LE8HI53UX0vJxak0hagw2u0JEOKIoRem/
TBAj19Qsf4nzBVBK7r8eA==
-----END RSA PRIVATE KEY-----
```

　　注意到上列資訊並沒有公鑰，我們可以用 **-pubout** 來輸出公鑰，則原來檔案中的私鑰部份會取代為

```
-----BEGIN PUBLIC KEY-----
MIIBIjANBgkqhkiG9w0BAQEFAAOCAQ8AMIIBCgKCAQEAu4C
U4shxKUHkduzc5FXl
UmMRPv9TmN30/wcA5kQ918jyZzcSFuiJHtt5a72dA6i9ciu
37p2Z6Jfg5MOapA9H
JXCA6hno16rqxmcEyw7MEK+wd23fYFDq8WyoI0DC19Az3Ay
WmlMkbuFkbxXGmUdD
qA7nMY5F+DvlMtPws9sn/E1UA5iBsLKeZMWjL7sWo8L/
lU1/0ehp1hDYFMx3aKnd
fhVQoWXGUCdUeQw80KthjwWNgWpLYya9IFcDmhtfnIdfiloB
8A2geVcZJvU8Dfyj
rus+Xg7rTcCB5wZ5t6NxuLBsYzfFHdm8uYDqjZ+Nn70tokX
mVNjiFSqeG1kBZr7y
rwIDAQAB
-----END PUBLIC KEY-----
```

最後一個指令是 **rsautl**，這個指令的用途是做加密、簽章與驗證，命令格式為

openssl rsautl [options]

大部份的選項與 **rsa** 相同，在這裡我們針對比較不一樣的選項說明如下：

■ **-inkey file**：輸入金鑰檔名。

■ **-keyform arg**：私鑰的格式，若不指定，預設使用 PEM 格式。

■ **-certin**：輸入的檔案是包含 RSA 公鑰的憑證。

■ **-ssl**、**-raw**、**-pkcs**、**-oaep**：**補白** (Padding) 的方式，**-ssl** 是使用 SSL v2 補白，**-raw** 是不使用任何補白的技術，而 **-pkcs** 則是預設值，使用 PKCS#1 v1.5 補白，另一個是 **-oaep**，是指 Optimal Asymmetric Encryption Padding。

■ **-sign**：用私鑰進行簽章。

- **-verify**：用公鑰進行驗證。

- **-encrypt**：用公鑰加密。

- **-decrypt**：用私鑰解密。

- **-hexdump**：用 16 進制輸出。

我們來使用一個完整的範例，來示範資料的加密與解密，指令依序為：

1
```
openssl genrsa -out privateKey.pem 2048
```

2
```
openssl rsa -in privateKey.pem -out publicKey.pem -pubout
```

3
```
openssl rsautl -encrypt -inkey publicKey.pem -pubin -inplain.txt -out encrypt.txt
```

4
```
openssl rsautl -decrypt -inkey privateKey.pem -in encrypt.txt -out decrypt.txt
```

　　執行過程如圖 2-23 所示，我們首先使用第一個指令，利用 **genrsa** 命令來產生私鑰，長度為 2048，將私鑰存檔至 privateKey.pem；再來我們利用第二個指令，以 **rsa** 命令來產生公鑰，在使用 **openssl rsa** 時，輸入的檔案為私鑰檔案，並以 **-pubout** 指定要輸出公鑰，並將公鑰儲存到 publicKey.pem；第三個指令的目的是要進行加密，加密的資料檔案是 plain.txt，其內容為 jylin@uch.edu.tw，注意第三個指令使用 **-inkey** 來指定公鑰，並將加密的結果儲存至 encrypt.txt 中；我們在圖 2-23 中將 encrypt.txt 顯示於畫面上，可以發現內容是一堆無法辨識的亂碼；最後一條指令是將密文與私鑰做為輸入，將解密的結果儲存至 decrypt.txt 中，在圖中可以發現，plain.txt 與 decrypt.txt 的內容是相同的，表示成功解密。

圖 2-23 RSA 加密與解密

```
[root@network rsa]# openssl genrsa -out privateKey.pem 2048
Generating RSA private key, 2048 bit long modulus
............................+++
..............................................................+++
e is 65537 (0x10001)
[root@network rsa]# openssl rsa -in privateKey.pem -out publicKey.pem -pubout
writing RSA key
[root@network rsa]# cat plain.txt
jylin@uch.edu.tw
[root@network rsa]# openssl rsautl -encrypt -inkey publicKey.pem -pubin -in plain.txt -out encrypt.txt
[root@network rsa]# cat encrypt.txt
bo□□8□□□□□□□pT□
UD□□□p□<<12U!7□□□{m□W□cFk□□}□□□?>□□m□□□□:^□□,□□} ⁿD□□-□□□□□(□7h□
Y□[O?P□□□□□d□G□ (□□□□□□W]□*□@□
□~□[root@network rsaopenssl rsautl -decrypt -inkey privateKey.pem -in encrypt.txt -out decrypt.txt
[root@network rsa]# cat decrypt.txt
jylin@uch.edu.tw
[root@network rsa]#
```

4 Message Digest 雜湊演算法

Message Digest 不是一種加密解密用的演算法，而是一種**雜湊演算法**(Hash Algorithm)，雜湊演算法是用來進行資訊轉換，轉換的主要目的有兩個：第一是透過雜湊演算法所計算出來的結果，必須無法用來反推回原來的資訊；第二是若輸入的資料不同，雜湊演算法的運算結果必須也是不相同的。

這兩個目的的理由是什麼呢？若有兩個不同的資訊 A 與 B，它們的雜湊值，表示為 A' 與 B'，必定是不同的，而且應該不存在其它第三個資訊 C，且經過相同的雜湊演算法之後，C' 會與 A' 或是 B' 相同。因為我們通常是用一個函數來表示雜湊演算法，所以又稱為**雜湊函數** (Hash Function)，簡寫為 H，而這個雜湊值，有時被稱為**數位指紋** (Digital Fingerprint)，因為它總是獨一無二，就像是我們的指紋一般。

> **一個好的雜湊函數必須具備以下的性質：**
>
> 1. 不管輸入資訊 M 的長度為何，$H(M)$ 的長度都是固定的。
> 2. H 應該可以實作在軟體或硬體上。
> 3. 對於單向雜湊演算法 (One-way hash)，無法由 $H(M)$ 反推出 M。
> 4. 給定一個雜湊值 $H(M_1)$，應該不能找到一個 M_2，使得 $H(M_1) = H(M_2)$，同理，若 $H(M_1) = H(M_2)$，則 M_1 必定等於 M_2。

MD4 與 MD5 是 Rivest 在 1992 年的時候提出來的,在進行計算時,MD4 比較簡略,所以速度比較快,但是在 2004 年的時候,中國山東大學的王小雲教授發表了 MD4 可能發生的問題,在 2008 年,Gaëtan Leurent 提出一個方法可以在 2102 個步驟後,找到相同的雜湊值,所以 MD4 在目前被視為一種不夠強健的雜湊演算法。

SlavaSoft 公司開發了一個免費工具 (http://www.slavasoft.com/hashcalc/),名稱是 HashCalc,我們利用這個工具來示範兩個檔案具有一樣的 MD4 雜湊值,兩個檔案的內容如圖 2-24。

這兩個檔案的內容不同,但它們的 MD4 雜湊結果都是 4d7e6a1defa9 3d2dde05b45d864c429b,如圖 2-25。

MD5 是由 MD4 所改良而來,它能將資料轉換為長度達 128 位元的結果,這個結果被視為資料的「摘要」,假設要進行運算的資料為 M,計算的步驟如下:

將 M 加上一些「補白位元」,讓 M 的長度為 512 的倍數加上 448,例如,M 的長度為 440,則因為 440 mod 512 = 440,不足 8,補白位元的第 1 個位元是 1,其餘是 0,所以在這個例子中,補白位元為 10000000。

把 M 補充後的長度再加上 64 個位元,這 64 個位元的內容是 M 的原始長度,如果現在 M 的長度很長,大於 264,就把 M 的長度與 264 做 mod 運算取餘數。

以 512 位元為單位切割 M 為 N 個區塊。

圖 2-24 兩個內容不同的檔案 md4_1.
bin 與 md4_2.bin

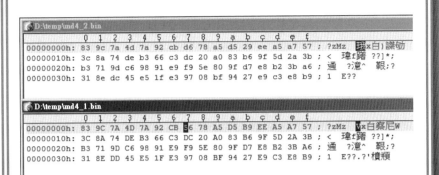

圖 2-25 md4_1.bin 與 md4_2.bin 具有
相同的 MD4 雜湊值

> **4** 第一個區塊與一個 128 位元長的起始向量一起丟進 MD5 演算法中，輸出的結果會是 128 位元長，這個結果會被做為第二個區塊的輸入向量，以此類推。

> **5** 一路一直算下去，最後一個區塊的輸出即為結果。

MD5 是非常常見的演算法，在 Linux 環境中，一個常用的工具是 md5sum，我們來看一個例子，如圖 2-26。

圖 2-26　用 md5sum 來計算 MD5

```
root@network:~
[root@network ~]# cat md5_1.txt
1234567890abcdefghijklmnopqrstuvwxyz
[root@network ~]# cat md5_2.txt
1234567890abcdefghijklmnopqrstuvwxyz0
[root@network ~]# md5sum md5_1.txt
f6a6fe33e0a49de86681fc8c4703b7fa  md5_1.txt
[root@network ~]# md5sum md5_2.txt
b79b752098ee89e35a2ddd17be3444c5  md5_2.txt
```

md5_1.txt 的內容是

　　　　1234567890abcdefghijklmnopqrstuvwxyz

而 md5_2.txt 的內容是

　　　　1234567890abcdefghijklmnopqrstuvwxyz0

差別只有尾巴的一個 0，但我們可以看到，它們的 MD5 值天差地遠，

md5_1.txt 的 MD5 運算結果是

f6a6fe33e0a49de86681fc8c4703b7fa

而 md5_2.txt 的 MD5 雜湊結果則是

b79b752098ee89e35a2ddd17be3444c5

當然，OpenSSL 也支援 MD5 的計算，在圖 2-27 可以看到一樣的計算結果。

圖 2-27　用 OpenSSL 來計算 MD5

```
root@network:~
[root@network ~]# openssl md5 md5_1.txt
MD5(md5_1.txt)= f6a6fe33e0a49de86681fc8c4703b7fa
[root@network ~]# openssl md5 md5_2.txt
MD5(md5_2.txt)= b79b752098ee89e35a2ddd17be3444c5
[root@network ~]#
```

　　MD5 有沒有安全性的問題呢？答案是有的。我們來看這兩組以 16 進位來表示的資訊：

　　d131dd02c5e6eec4693d9a0698aff95c2fcab58712467eab4004583eb
8fb7f8955ad340609f4b30283e488832571415a085125e8f7cdc99fd91dbdf
280373c5bd8823e3156348f5bae6dacd436c919c6dd53e2b487da03fd023
96306d248cda0e99f33420f577ee8ce54b67080a80d1ec69821bcb6a8839
396f9652b6ff72a70

　　d131dd02c5e6eec4693d9a0698aff95c2fcab50712467eab4004583eb
8fb7f8955ad340609f4b30283e4888325f1415a085125e8f7cdc99fd91dbd7
280373c5bd8823e3156348f5bae6dacd436c919c6dd53e23487da03fd023
96306d248cda0e99f33420f577ee8ce54b67080280d1ec69821bcb6a8839
396f965ab6ff72a70

圖解網路安全

注 意

　　上述標註底線的部份表示這兩筆資訊的差異，而這兩筆不同的資訊都能得到同樣的 MD5 雜湊值，如圖 2-28。

　　使用 HashCalc 進行實驗室，Data Format 的部份需選擇 Hex String，因為這兩筆資訊並不是單純的文字字串，而是 16 進制的資訊。

圖 2-28　兩筆不同的資訊得到相同的 MD5 雜湊值

⑤ Secure Hash Algorithm (SHA)

　　SHA 是 NIST 在 1993 年制定的，在 1995 年的新版本稱為 SHA-1，而原版本就被稱為 SHA-0，顧名思義，這是為了加強安全性而提出的雜湊演算法。

SHA-0 在 1998 年時被發現在 2^{61} 次的計算內就可以找到相同的雜湊值，在 2004 年，發現了一個新的方法，可以在 2^{51} 次計算就找到相同雜湊值；在 2005 時，中國的王小雲教授提出了一種計算複雜度僅 2^{39} 的破解演算法。

雖然 SHA-1 是改良後的版本，但仍在 2005 年時，被王小雲教授等人提出計算複雜度為 2^{63} 的破解演算法。

NIST 在 2012 年 9 月建議美國政府應停止使用 SHA-1；而微軟的安全公告也表示在 2016 年之後，微軟將不承認使用 SHA-1 演算法的憑證 (http://www.zdnet.com/microsoft-recommends-against-usage-of-sha-1-7000023124)；澳洲的 Australian Signals Directorate 則在 2011 年建議澳洲政府將 SHA-1 移轉到 SHA-2 上。

NIST 針對 SHA-1 的不足，再提出了 SHA-2，提出的時間是 2004 年，SHA-2 最大的特色是雜湊值變長了，有 4 種版本，SHA-256/224 與 SHA-512/384，目前尚未找到有效的破解方法。它們的差異如表 2-5：

表 2-5　SHA 的不同版本比較

演算法	雜湊值長度	計算過程中所使用的暫存雜湊值長度	最大可接受訊息長度	資料區塊長度
SHA-0	160	160	$2^{64}-1$	512
SHA-1	160	160	$2^{64}-1$	512
SHA-256/224	256/224	256	$2^{64}-1$	512
SHA-512/384	512/384	512	$2^{128}-1$	1024

我們利用圖 2-29 來示範各種雜湊的結果有何差異，最明顯的差異當然是來自於雜湊值的長度，當雜湊值的表達能力只有 3 個位元，則最多就只能表示出 8 種可能，很明顯的，世界上的資訊遠超過 8 種，所以一定會有重複的雜湊值，所以雜湊值加大是一個減少暴力攻擊的手段。

圖 2-29　MD4、MD5、SHA-1、SHA256、SHA384 與 SHA512 的計算結果

雜湊演算法有什麼用途呢？

　　因為它具有數位指紋的特性，當我們在網路上下載檔案或文件時，我們要如何知道這個檔案是否有經過修改？

　　若我們可以同時得知這個檔案的正確雜湊值，我們只要用同樣的演算法找到雜湊值，再進行比對即可，即使這個文件只被篡改了一個位元，雜湊值會告訴我們，這是兩個不相同的檔案。

6　Message Authentication Code (MAC)

　　MAC 稱為訊息確認碼，目的是用來檢查訊息的完整性與確認性，要如何同時完成這兩個任務？可以透過雜湊與密鑰，如圖 2-30。

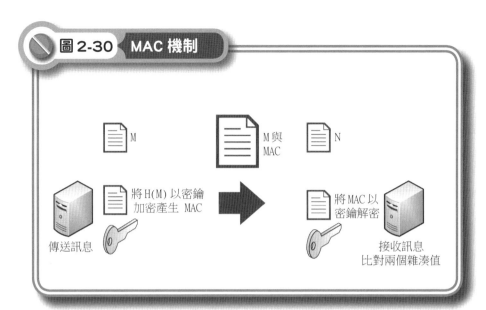

圖 2-30 MAC 機制

M

M 與 MAC

N

將 H(M) 以密鑰加密產生 MAC

傳送訊息

將 MAC 以密鑰解密

接收訊息 比對兩個雜湊值

在傳送訊息的一方,將訊息 M 以雜湊演算法 H 計算出雜湊值 $H(M)$,再以雙方共享的密鑰對 $H(M)$ 加密,得到的就是 **MAC**。在接收訊息的一方,假設收到的訊息稱為 N,首先先以密鑰進行解密,得到一個雜湊值 V,然後用同樣的雜湊演算法對 N 做計算,得到 $H(N)$,若 M 與 N 完全相同,則 $H(N)$ 會等於 V,因為 V 就是 $H(M)$。

若是 $H(N)$ 不等於 V,有兩種可能,一是密鑰錯誤,解密得到的結果不正確,另一個是訊息 M 遭到篡改,導致接收到的 N 已經與 M 不同了。

MAC 要怎麼製作呢?

常見的方法是使用 ANSI 標準的 MAC-DES 演算法,也就是採用 DES 來完成雜湊的計算,在計算的過程中,將密鑰輸入 DES 進行運算,將密鑰整合於 DES 之中。

Unit 2-4
SSL 與 TLS

前面的章節我們已經看到 SSL 與 TLS，在這一節我們來看看它們的細節。SSL 是**網景 (Netscape)** 所發展的，一開始是跟著網景瀏覽器一起推出，後來，支援 SSL 變成了一個主流，成為工業標準，Internet Engineering Task Force (IETF) 在 1999 年發表了 Transport Layer Security，也就是 TLS。TLS 是以 SSL 3.0 為基礎來開發，所以差異很小。

在全球資訊網上，我們在進行金錢的交易或商品的買賣時，最大的困擾就在於雙方身分的確認，消費者不知道這個要求輸入信用卡號碼的網站是真的商家或只是個仿冒者，而商家也不知道這個輸入卡號的使用者是本人或是盜刷，即使消費者與商家彼此信任，要怎麼知道資訊在網路的傳播中有沒有被人盜用或篡改？

SSL 的目的就在於解決這些問題，第一是對消費者，也就是客戶端，進行認證，第二是對商家，也就是伺服器端，做認證，第三就是雙方之間的連線通訊必須要加密。透過 SSL，我們可以實現安全性網頁，如圖 2-31。使用者與伺服器先交換彼此的憑證，再利用 PKI 等機制來驗證憑證的有效性；然後雙方交換製作金鑰的元件，利用這些元件來產生金鑰，透過這個金鑰來加密彼此之間的通訊，就可以解決上述的三個問題了。

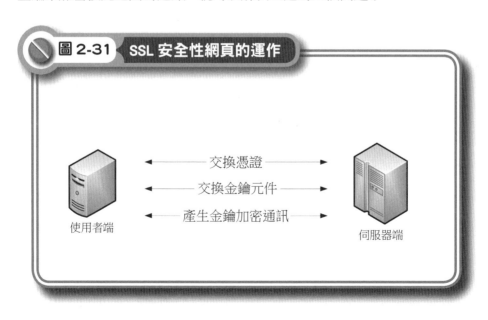

圖 **2-31** SSL 安全性網頁的運作

交換憑證

交換金鑰元件

產生金鑰加密通訊

使用者端

伺服器端

SSL 協定有兩個層級,一個是「SSL Handshaking Layer」,一個是「SSL Record Layer」。Handshaking Layer 的主要用途是用來確認雙方的身份,有四個主要階段,簡介如下。

1 協商安全性資訊

一開始是由使用者端送出訊息,稱為 client hello,內容包含了協議版本、一個 32 位元的時間戳記與 28 位元長的亂數、要建立安全機制的會議識別碼、加密規格與壓縮演算法。

伺服器在收到 client hello 之後,會回覆 server hello,內容亦是包含上述資訊。若是伺服器不能接受 client hello 中的要求,就會回覆 hello request,要求使用者端重送一個不同的 client hello。

加密規格當然是最重要的東西,裡面包含了需要協商的項目:加密演算法、MAC 演算法、密文樣式、可否匯出、雜湊大小、一個用於產生金鑰的亂數與加密演算法的初始向量大小。

2 伺服器確認與金鑰交換

在第一個階段中,雙方交換了加密規格等資訊,而且協商完成,表示取得了共識。利用第一階段中得到的協定來決定使用者端是否需要傳送 server key exchange 給伺服器。

如果在第一階段中,使用者端有要求伺服器端提出憑證,則在這個階段時,伺服器會回傳它的憑證資訊。若是伺服器要求憑證認證,則伺服器會對使用者端送出 certificate request 訊息,最後伺服器送出 server done 訊息表示相關訊息已完成。

3 使用者端確認與金鑰交換

若是使用者端有收到 certificate request,則在此階段時,使用者端必須送出它的憑證。在這個階段中,另一個重要的任務是進行使用者端的**金鑰交換** (Client Key Exchange)。

如果使用者端傳送了憑證,則同時也要送出 certificate verify 訊息,訊息內含有使用者憑證的雜湊值,而且這個雜湊值利用使用者的私鑰加密過,伺服器會利用公開金鑰解密,得到使用者的簽章,之後再使用相同的雜湊演算法去計算簽章的雜湊值,跟 certificate verify 內的雜湊值比對,來驗證資料是否未經過修改。

4 建立會議

在這個階段，雙方在**變更密文規格** (Change Cipher Spec) 後，即傳送 finished 訊息，此訊息內包含了雙方產生 MAC 碼的密鑰、加密傳輸訊息時所採用的金鑰、使用區塊加密碼時所使用的使用者端初始向量與伺服器端初始向量。

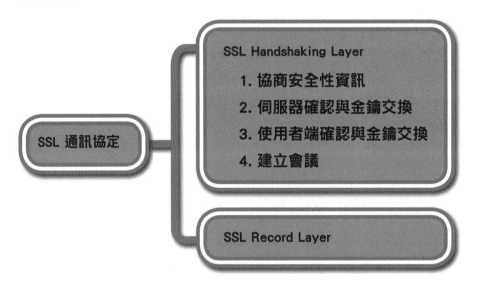

SSL Handshaking Layer 的主要目的是在確認雙方的身份，在確認後，即可透過 Record Layer 來傳輸資訊，而此時傳輸的資訊都是在加密的環境下運作。

在四個協商完成後，Record Layer 封裝應用層的協議，就可以開始傳輸加密後的資訊。

SSL 是屬於傳輸層的協定，是在 TCP/IP 的上層，所以在使用 SSL 時，並不會對 TCP/IP 的運作產生影響，也因為是在傳輸層，所以 SSL 可以應用在不同的應用層資料上；然而，因為資料在傳輸時，需要加密與解密的動作，速度會多少受到影響。

我們可以使用 OpenSSL 來模擬使用者端在進行連線的動作，我們以指令

openssl s_client -connect www.google.com:443

來示範，結果如圖 2-32，在取得並顯示伺服器的憑證資訊後，可以看到如

圖 2-33 的 SSL 相關資訊，這個指令會停止並等待使用者輸入，可以按下
Ctrl+C 後離開。

圖 2-32　利用 openssl 工具模擬 SSL 連線的使用者端

```
root@dns:~
[root@dns ~]# openssl s_client -connect www.google.com:443
CONNECTED(00000003)
depth=3 C = US, O = Equifax, OU = Equifax Secure Certificate Author
verify return:1
depth=2 C = US, O = GeoTrust Inc., CN = GeoTrust Global CA
verify return:1
depth=1 C = US, O = Google Inc, CN = Google Internet Authority G2
verify return:1
depth=0 C = US, ST = California, L = Mountain View, O = Google Inc,
verify return:1
---
Certificate chain
 0 s:/C=US/ST=California/L=Mountain View/O=Google Inc/CN=www.google
   i:/C=US/O=Google Inc/CN=Google Internet Authority G2
 1 s:/C=US/O=Google Inc/CN=Google Internet Authority G2
   i:/C=US/O=GeoTrust Inc./CN=GeoTrust Global CA
 2 s:/C=US/O=GeoTrust Inc./CN=GeoTrust Global CA
   i:/C=US/O=Equifax/OU=Equifax Secure Certificate Authority
---
Server certificate
-----BEGIN CERTIFICATE-----
MIIEdjCCA16gAwIBAgIIMODC21opqnowDQYJKoZIhvcNAQEFBQAwSTELMAkGA1UE
BhMCVVMxEzARBgNVBAoTCkdvb2dsZSBJbmMxJTAjBgNVBAMTHEdvb2dsZSBJbnRl
cm5ldCBBdXRob3JpdHkgRzIwHhcNMTQwOTEwMTM0OTM2WhcNMTQxMjA5MDAwMDAw
WjBoMQswCQYDVQQGEwJVUzETMBEGA1UECAwKQ2FsaWZvcm5pYTEWMBQGA1UEBwwN
TW91bnRhaW4gVmlldzETMBEGA1UECgwKR29vZ2xlIEluYzEXMBUGA1UEAwwOd3d3
Lmdvb2dsZS5jb20wggEiMA0GCSqGSIb3DQEBAQUAA4IBDwAwggEKAoIBAQCQB+vv
sJ/b+V77nEzwXIfBZvkz1sFFeZZhrisfngTOJ0AvvRs1YGBYgGLXHOsC/5YDR1b
Vni5saLQAYaER22WqYL9Ar5SlVZeTq5Q6aBid7ydFdQy7YPhJLAUtZK+pIezzmra
wxe+BnL4YWwotUsGGcKI3Q8qbnQP1Uy9kw8XRcfex1H3+FvLasuarGrKYNqG5r53
3Hl+MIOIS0IfefANKK2th3xvvrCDC9D/4LjZWgNCg0KaM1PE7yx4vKKm1le7UbIs
walfxPxhdeCR1DtX70YsKWTwTAShrEilv3z8EBS6HNbhaG1i4gG7xbncQolE0PkX
QbDK8dKw1O/m5ulBAgMBAAGjggFBMIIBPTAdBgNVHSUEFjAUBggrBgEFBQcDAQYI
KwYBBQUHAwIwGQYDVR0RBBIwEIIOd3d3Lmdvb2dsZS5jb20waAYIKwYBBQUHAQEE
XDBaMCsGCCsGAQUFBzAChh9odHRwOi8vcGtpLmdvb2dsZS5jb20vR01BRzIuY3J0
MCsGCCsGAQUFBzABhh9odHRwOi8vY2xpZW50czEuZ29vZ2xlLmNvbS9vY3NwMB0G
A1UdDgQWBBQ3BfxMJBnob5lrgYqhZG9b/cnqpDAMBgNVHRMBAf8EAjAAMB8GA1Ud
IwQYMBaAFErdBhYbvPZotXb1gba7Yhq6WoEvMBcGA1UdIAQQMA4wDAYKKwYBBAHW
eQIFATAwBgNVHR8EKTAnMCWgI6Ahhh9odHRwOi8vcGtpLmdvb2dsZS5jb20vR01B
RzIuY3JsMA0GCSqGSIb3DQEBBQUAA4IBAQB9zfUny3iAeNP7IZS2dvuNrTG4c1T
+VyuDRf5UeYSRQj14HMSdo+Fxf3iluZf7qE/5GEKbjCD9fSPfIcnu+vdLSLd+1ox
PjgZ+EiWwDr20Qc+qa+SwF3F9ZcsxBjFfbH8R9QzkDlj60ptvfzlqKWrjmRrhw9v
LDf0QL2q0Y4kWp9Ef2O7ONmitmdkCeaFubMU5gR8TfD558XRhShDC35T7nU0Y84Q
VsvNug3mVd/gQaj5+ppalzoTLXW+hqwSR7Q7RtCXkTHE31zxcH9usgyR8kkyZrMC
3BI7qzLDd56CLX3bRwWnOqgBBD16ihv0EG4+TBtJgyjZmWsj0Z8fD/7g
-----END CERTIFICATE-----
subject=/C=US/ST=California/L=Mountain View/O=Google Inc/CN=www.goo
issuer=/C=US/O=Google Inc/CN=Google Internet Authority G2
---
No client certificate CA names sent
---
SSL handshake has read 3719 bytes and written 389 bytes
---
```

圖 2-33　TLS 的相關資訊

　　另一種觀察連線狀態的方式是經由封包，利用 Wireshark 等封包監看工具 (Wireshark 的說明請見第三章)，我們一樣可以觀察到以 SSL 連線的時候，使用者端與伺服器端彼此溝通的往來記錄，如圖 2-34，我們將過濾器設定為 SSL，再以瀏覽器開啟 https://www.google.com，即可開始監看 SSL 相關的封包，由圖 2-34 可以看到一開始的訊息是 Client Hello，再來是 Server Hello，再來是 Change Cipher Spec，也就是更改加密規格，這些流程資訊表示了 SSL 連線的情形。

圖 2-34　利用 Wireshark 觀察 TLS 資訊

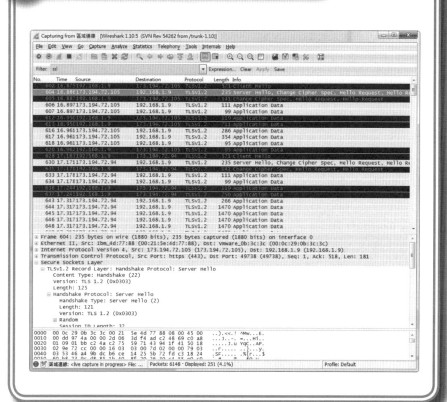

 小博士解說

　　SSL/TLS 加密已經漸漸成為主流，在資訊安全越來越受到注重的現在，越來越多網站都提供了 SSL/TLS 加密功能，尤其是具備有電子商務機制的網站，這更是不可或缺的功能，另外像是具備使用者登入機制的入口網站等等，為了確保使用者的身分不被竊取，也開始提供了 SSL/TLS 的機制以提高網站安全性。

Unit 2-5
PGP

　　PGP 是 Pretty Good Privacy 的縮寫，這是由 Philip R. Zimmermann 在 1991 年所開發，Zimmermann 一開始是為了讓他與其它人可以在使用 BBS、email 的時候，可以用安全的機制避免被竊聽或偷看訊息，後來在網路上受到許多人的喜愛。

　　美國政府認為加密系統如果使用了超過 40 位元的密鑰，就應該被認為是軍用品，需要受到管控，但是 PGP 在網路上流傳，因此 Zimmermann 被美國政府認定違反了軍用品出口的相關法令，但後來不了了之。

　　目前 PGP 的發展有兩個主要版本，一個是 IETF 成立的 OpenPGP 小組 (http://www.openpgp.org/)，另一個是 GNU 依 RFC 4880 (OpenPGP Message Format) 所發展的 GnuPG (http://www.gnupg.org/)，簡稱為 GPG。當然這兩個版本有一些細節上的不同， PGP 的基本功能，例如訊息加密、數位簽章等，都是有支援的。

❶ 我們先來看簽章的部份

　　對於明文郵件 P，先使用簽章演算法來產生簽章，這個步驟可以用雜湊演算法來完成，例如 SHA-1 雜湊演算法，P 的雜湊碼為 p；再來使用私鑰為 p 產生簽章 S；S 與 P 合併後，利用壓縮演算法進行處理，即可傳送出去。

　　收信人收到訊息後，先解壓縮，得到 P 與 S，使用公鑰解開簽章 S，得到 p，使用同樣的雜湊演算法去處理 P，若得到的值與 p 相同，就可以驗證這個郵件的來源沒有問題。簽章的流程如圖 2-35 所示。

❷ 再來看加密的部份

　　先對 P 進行壓縮，得到的結果為 z，利用一個亂數來產生會談金鑰 K，用 K 搭配 DES 對 z 加密，得到 C；以收件人的公鑰對 K 加密，產生 E，將 E 與 C 一起傳送出去；收件人在收到信件後，首先用私鑰對 E 解密，得到會談金鑰 K，再搭配 DES 將 C 解密，還原 z，解壓縮後即可以得 P。加密流程如圖 2-36，注意有兩把鑰匙，一是會談金鑰，一是收件人的公鑰。

圖 2-35 PGP 簽章流程

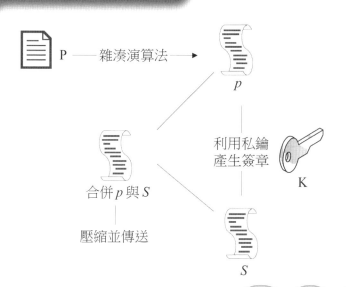

P ── 雜湊演算法 ──▶ p

利用私鑰
產生簽章   K

合併 p 與 S

壓縮並傳送   S

圖 2-36 PGP 加密流程

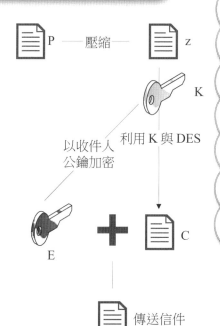

P ── 壓縮 ── z

K

以收件人   利用 K 與 DES
公鑰加密

E   ✚   C

傳送信件

簽署與加密可以合併,一是先簽署再加密,將簽署資訊包裝在密文之中,收件者先改密,再檢查簽署內容,另一則是對加密的信件進行簽署,驗證的時候是以密文來做為簽署的驗證。

上述流程在實作的過程中，會遇到一個問題，就是金鑰要如何交換？每個使用者會有一個 PGP 憑證，這個憑證並沒有 CA 等集中式管理的機制，因為信件的往來是以個人為單位，並不是用在公開場合，我們的憑證只用來向收件人證明身份，在開發初期，是已知的雙方利用 PGP 來加密通訊內容，金鑰的交換可以透過很多方式來做到，所以在制定時，PGP 憑證較為簡單，到了現在，要如何去信任一個憑證，使用的是 PGP **信任網** (PGP Trust Web)。

PGP 信任網是利用階層式的概念來完成，X.509 憑證是由一個具備公信力的發行者簽署，PGP 憑證是由個人簽署，最大的不同是一張 PGP 憑證上面可以有多人簽署。

所謂的信任網是憑證之間的信任關係，若使用者陳先生持有兩張憑證 C_1 與 C_2，當然陳先生自己會信任 C_1 與 C_2，如果使用者林小姐信任 C_1，則她也會信任 C_2，若是陳先生信任王小姐的憑證 C_3，林小姐可以自己決定是否要相信 C_3。

所以 PGP 的公鑰有三個欄位，來提供可否信任的依據：

Owner Trust：擁有者信任，PGP 系統在收到一個金鑰時，會去填入擁有者信任欄，內容可以是信任、部份信任、不信任或未知。

Sign Trust：簽署信任，如果這把金鑰已經有被人簽名表示信任，就依這些簽署人的身份來判斷這個公鑰的可信任程度。

Key Legit：金鑰合法度，利用上述兩個欄位的內容來計算這把鑰的合法度。

在應用 PGP 系統時，我們可以做到一個使用者具有多個不同的憑證，當一個使用者要寄發信件時，可以針對不同的收信者使用不同的憑證，雖然很方便，但是這就表示該使用者必須同時擁有多種不同的公鑰與私鑰配對。

想像一下，如果你的朋友具有多個不用的憑證，那也表示你會擁有你朋友的多個不同公鑰，那這麼多公鑰私鑰的配對組合，該怎麼去管理呢？

PGP 系統的作法是每一把公鑰的最後 64 個位元擷取出來做為 Key ID，以公鑰演算法來看，雖然只有後面的 64 個位元，但是要重複的機率仍然是很低的，所以 Key ID 可以用來做為金鑰的索引。

在傳送信件時，先在自己的系統上選一把收件者的公鑰，用這把公鑰對信件加密，然後擷取出 Key ID，最後密文與 Key ID 一起送出。

在對私鑰的管理上，PGP 有一種制度稱為**私鑰鑰匙圈** (Private Key Ring)，目的是方便使用者管理自己不同的公鑰私鑰配對，私鑰鑰匙圈使用一個表格來儲存關於鑰匙配對的資訊，這個表格包含了時間戳記、Key ID、公鑰、私鑰與 User ID。

這個表格如果被看光光，那當然也表示私鑰被他人得知，所以在儲存時，會以密碼來對私鑰欄位加密處理。

除了私鑰有鑰匙圈，PGP 對於公鑰也有一個鑰匙圈，稱為**公鑰鑰匙圈** (Public Key Ring)，用來管理別人的公鑰資訊。

以公鑰來說，比較重要的資訊是那個收件人的可信任程度，因此，公鑰鑰匙圈所使用的欄位與私鑰鑰匙圈有很大的不同，欄位包含了時間戳記、Key ID、公鑰、User ID、簽署者、Owner Trust、Sign Trust 與 Key Legit。

再來我們使用 Linux 上的 GnuPG 工具來示範 PGP 的使用，一開始我們要做的動作是建立一個屬於自己的金鑰，如圖 2-37。

注意到我們執行了一個指令：

```
gpg-agent --daemon --use-standard-socket
```

GPG-agent 是 GPG 用來管理私鑰的程式，我們需要讓這個程式先以 daemon 的方式於背景執行，**gpg** 指令才可以正常運行，否則會出現「can't connect to `/root/.gnupg/S.gpg-agent`：沒有此一檔案或目錄」的錯誤。

產生金鑰的指定為：

```
gpg --gen-key
```

這是一個互動式的介面，在執行時，會詢問一連串的問題，首先會詢問你想使用哪一種金鑰種類，預設是「RSA 和 RSA」，再來是金鑰的長度與有效期限，在這裡我們選擇金鑰永不過期，再來需要輸入一些個人資訊來做為金鑰的識別，按下 O 即可確認，再來會切換為密碼輸入的介面，需要輸入同樣的密碼兩次，最後畫面會停住以產生亂數。

圖解網路安全

096

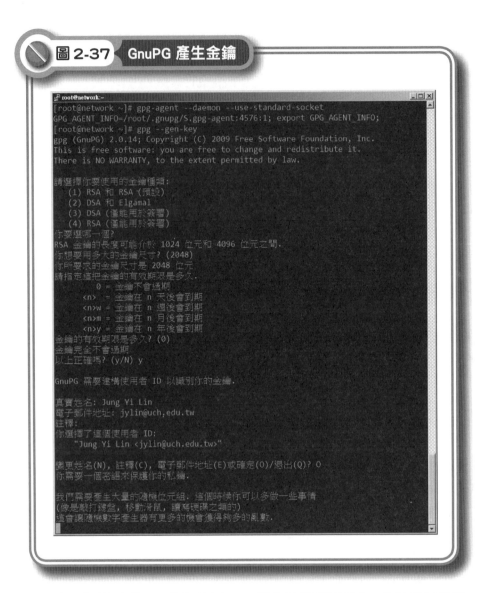

圖 2-37　GnuPG 產生金鑰

```
[root@network ~]# gpg-agent --daemon --use-standard-socket
GPG_AGENT_INFO=/root/.gnupg/S.gpg-agent:4576:1; export GPG_AGENT_INFO;
[root@network ~]# gpg --gen-key
gpg (GnuPG) 2.0.14; Copyright (C) 2009 Free Software Foundation, Inc.
This is free software: you are free to change and redistribute it.
There is NO WARRANTY, to the extent permitted by law.

請選擇你要使用的金鑰種類:
   (1) RSA 和 RSA (預設)
   (2) DSA 和 Elgamal
   (3) DSA (僅能用於簽署)
   (4) RSA (僅能用於簽署)
你要選哪一個?
RSA 金鑰的長度可能介於 1024 位元和 4096 位元之間.
你想要用多大的金鑰尺寸? (2048)
你所要求的金鑰尺寸是 2048 位元
請指定這把金鑰的有效期限是多久.
        0 = 金鑰不會過期
      <n>  = 金鑰在 n 天後會到期
      <n>w = 金鑰在 n 週後會到期
      <n>m = 金鑰在 n 月後會到期
      <n>y = 金鑰在 n 年後會到期
金鑰的有效期限是多久? (0)
金鑰完全不會過期
以上正確嗎? (y/N) y

GnuPG 需要建構使用者 ID 以識別你的金鑰.

真實姓名: Jung Yi Lin
電子郵件地址: jylin@uch.edu.tw
註釋:
你選擇了這個使用者 ID:
    "Jung Yi Lin <jylin@uch.edu.tw>"

變更姓名(N), 註釋(C), 電子郵件地址(E)或確定(O)/退出(Q)? O
你需要一個密語來保護你的私鑰.

我們需要產生大量的隨機位元組. 這個時候你可以多做一些事情
(像是敲打鍵盤, 移動滑鼠, 讀寫硬碟之類的)
這會讓隨機數字產生器有更多的機會獲得夠多的亂數.
```

　　這裡需要注意的是，若是使用SSH登入遠端機器操作，此時敲打鍵盤、移動滑鼠是無效的，必須讓機器本身具有動作才可以有效產生亂數以建立金鑰，遠端機器本身可能有其它工作在運作，所以需要等待一段很長的時間才可以完成，如圖 2-38，為了避免這個問題，我們在此介紹一個工具：rng-tools。rng-tools 是用來處理亂數的工具，先使用

$$\text{rngd -r /dev/urandom}$$

來指定亂數來源，再以

圖 2-38　成功建立金鑰

```
root@network:~
(像是敲打鍵盤，移動滑鼠，讀寫硬碟之類的)
這會讓隨機數字產生器有更多的機會獲得夠多的亂數.
gpg: /root/.gnupg/trustdb.gpg: 建立了信任資料庫
gpg: 金鑰 4BA25C1F 已標記成徹底信任了
公鑰和私鑰已建立及簽署.

gpg: 正在檢查信任資料庫
gpg: 3 個勉強信任以及 1 個完全信任是 PGP 信任模型的最小需求
gpg: 深度: 0  有效:  1  已簽署:  0  信任: 0-, 0q, 0n, 0m, 0f, 1u
pub   2048R/4BA25C1F 2014-04-12
      金鑰指紋 = F374 83EB 6506 EFEB 4015  E13C 1913 BC2F 4BA2 5C1F
uid                  Jung Yi Lin <jylin@uch.edu.tw>
sub   2048R/9CE3B2B7 2014-04-12

[root@network ~]#
```

service rngd status

來確認 rng-tools 服務正在運作中，然後才使用

gpg -gen-key

來產生金鑰，在很短的時間內就可以得到結果。

　　在建立金鑰後，我們可以使用

gpg -list-keys

　　來將目前的金鑰列出，如圖 2-39，注意到資料的來源是**公鑰鑰匙圈**
(pubring.gpg)。

圖 2-39　查詢金鑰

```
root@network:~
[root@network ~]# gpg --list-keys
/root/.gnupg/pubring.gpg
-----------------------
pub   2048R/4BA25C1F 2014-04-12
uid                  Jung Yi Lin <jylin@uch.edu.tw>
sub   2048R/9CE3B2B7 2014-04-12

[root@network ~]#
```

現在假設我們要讓收件人知道我們的金鑰，就要將我們的公鑰讓朋友得知，所以我們要做的第一件事是將我們的公鑰匯出，指令是

gpg --armor --output 檔名 **--export** 信箱地址

結果如圖 2-40。

圖 **2-40**　匯出公鑰

```
[root@network ~]# gpg --armor --output jylin.asc --export jylin@uch.
[root@network ~]# cat jylin.asc
-----BEGIN PGP PUBLIC KEY BLOCK-----
Version: GnuPG v2.0.14 (GNU/Linux)

mQENBFNJZnsBCADbCvRyKUm5bG1jpKBwzWh6N7R1aL0F4plwTxP/jJh+YsgrdLu+
G9wP3SA9Ru3sjKVAqc8HDr7ZAFUNGRZIVnzSQZVGQdbk5SVO4QHeKfsAnRdsJQl8
nsURGbdSsD/s7TCRdmcLeOf1N0iww+z2Jnzfc+E3uIyJyNz7Gd1++SjLj3K3gmVs
CVHPzZ5jJKH5OKCy+FnqQDSCgwFwoXG1bimCF+8zpypjjbUWyIROijwvlq7J93vE
XSFKa5pAMhNmP1kjWoScXZQLtH+PWY/h/OqrsiDgctb845VR255X5lImRBrE8jJB
tas81N6y19hLdfkcfv7WGFwcPUlLy3IpB3enABEBAAG0Hkp1bmcgWWkgTGluIDxq
eWxpbkB1Y2guZWR1LnR3PokBOAQTAQIAIgUCU0lmewIbAwYLCQgHAwIGFQgCCQoL
BBYCAwECHgECF4AACgkQGRO8L0uiXB8CCQf/cCfOX0fIxQYID+iLt0UuVN3koMTS
gzAgFYnuYglXD0fZ90ioa1JU190JN291a5QyUvHnLf40nPviA0BUzyeQxk6sddwL
ea6D/VoJWzJI7HtYMFpk7O1us5gnUOFJ5pzRw0AnrVCNioHubSbS3cAdI6ZQkPc2
Cs8aqJR4Rj7CYCDGxreCcpyVa3Jn8XCN7jHUyF8iZirJIoRwR3j3CKcQtUBdYJuA
5PoGVzulufU0tMJrvThHHuyUfDeSxOKI9p/sR/zoiphMi8pB0VoTG32AukNVMMDk
Yu+okKUZWKaE7UPKpJFld+ZMltFeDiJtP1mHssgnFnGWlS/24zfB9fCcurkBDQRT
SWZ7AQgAk+fzjNnSD1lUm3AbxcOhUHBfoHOp1E6/edfb3ArtwuPVHXxcPYUixi6G
HRzV9I+fJ2GcrS1/QrckBMs/QnHQzyJh1CHU5r3pk3m4LSbQBIToNkHdhLiMpXV1
B9jycA0D2lXxXCzPJoa5J4l9bl+lcHJtMLo9WWeamYA9SyDdAcyJUrlUqQBQN2/Q
7hIEpk4B+e+R1yCl7fcSrVe7RCuP5cyFa4+/DxTS/LpQ3Yq3AcuhLIGBVeX6gQnW
JTLIuio2tdb0zFZOk9/NnOdDaTKKXxAiaMWWszeLuaoSLtWE+MQMjRRyaJT+v6bJ
2uyJL01ZLhZogFCvAgb7BX0tBi5ZbQARAQABiQEfBBgBAgAJBQJTSWZ7AhsMAAoJ
EBkTvC9Lolwf5PsH/1EU0Ef3SR89OTiCmBP9+lHNdxVrrM6V/NcyTh8afCbFEpkI
RGvbLKam19vSLmX6MP/LDookwLLKowXF376k40vS8+NN/adKUBLiZgTb8PJC+rCg
O6pp6SJz7Jxe0c/1R8KVic21czn0n1F/eMlpLpx0iNSVcQ7Bjjv2J2ARmSUtimDZ
m6R6NWxHfvxfHkI7qXz7FGcBMkE4CmX9q23xKnprDxuZ3EiI5FV0ImvUZ+30Av+h
hHec+tvv9K6eX7hQ7+72TOPb6fweaKA7HwtaMtOB6T3kRgBW8rWlh8xua7I6p6ce
```

現在我們使用另一個帳號來匯入剛才所得到的金鑰，匯入的指令是

gpg --import 金鑰檔案

我們從圖 2-41 可以看到，使用者的金鑰列表中本來只有 jylin@csie.
uch.edu.tw 的資料，在匯入後，公鑰鑰匙圈多了一筆 jylin@uch.edu.tw 的
資料。

圖 2-41　匯入金鑰

這個匯入的金鑰是我們信任的嗎？我們必須對這個金鑰填入信任的
值，所以要來編輯金鑰，指令是

gpg --edit-key 對方的信箱位址

這個指令會帶入一個互動式的介面，如圖 2-42，首先以 trust 來填入
信任資料，有 5 個選項可以選，我們在此選擇徹底信任，會發現原本信任
值是「未知」的金鑰改變為「徹底」。

圖 2-42　編輯金鑰

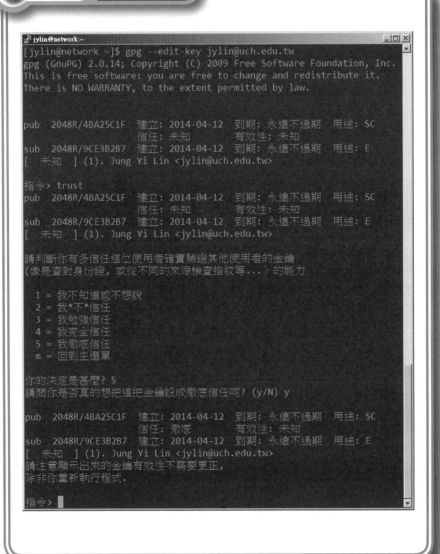

　　再來我們示範簽署金鑰，指令同是 **gpg --edit-key** 對方的信箱位址，在互動式介面中，指令是 sign，在輸入密碼後，即可解開自己的私鑰來進行簽署，如圖 2-43，最後以 save 指令離開。

圖 2-43　簽署金鑰

```
jylin@network:~                                              _ □ ×
指令> sign

pub  2048R/4BA25C1F  建立: 2014-04-12  到期: 永遠不過期  用途: SC
                    信任: 徹底        有效性: 未知
                 主鑰指紋: F374 83EB 6506 EFEB 4015  E13C 1913 BC2F 4BA2 5C1F

     Jung Yi Lin <jylin@uch.edu.tw>

你真的確定要用你的金鑰 "Mick Lin <jylin@csie.uch.edu.tw>" (69FE247B)
來簽署這把金鑰嗎

真的要簽署嗎? (y/N)y

你需要用密語來解開下列使用者的
私鑰: "Mick Lin <jylin@csie.uch.edu.tw>"
2048 位元長的 RSA 金鑰, ID 69FE247B, 建立於 2014-04-16


指令> save
[jylin@network ~]$
```

　　再來我們可以對檔案 plain.txt 以收件人的公鑰加密後另存為 encrypt.
txt，再傳送給收件人，並指定只有對方的私鑰才能解密，同時對這個檔案
進行簽章，指令為

gpg --armor --output encrypt.txt --encrypt --sign --recipient
收件人信箱地址 plain.txt

　　收件人可使用下列指令來將檔案 encrypt.txt 解密為 decrypt.txt，同時
檢查簽章：

gpg --output decrypt.txt --decrypt encrypt.txt

小博士解說

　　便利與安全往往是衝突的，若是不管寄送何種信件，皆使
用 gpg 加密，可想而知，會對使用者造成多大的麻煩，因此，適
當的機密分級制度是必要的，只針對需要加密的機密文件進行
加密即可。

Unit 2-6

IPSec

Internet Protocol Security (IPSec)，稱為**網際網路安全協定**，IP 協定是在網路層的重要協定，主要是應用在兩部機器使用 IP 協定傳遞資料的過程中。IPSec 本身會做的事情並不是建立通道，而是可以對資料、標頭進行加密，提供了傳送端與接收端之間可以用來做資料的**認證** (Authentication)、**完整性** (Integrity)、**存取控制** (Access Control)、以及**機密性** (Confidentiality)等安全服務，即使從路由器攔截到封包，也無法解密這個封包的內容。從它的名字就可以知道它是運作在 IP 層的安全機制，不管是 LAN 或是網際網路都可以使用，也因為它是運作在 TCP、UDP 之上，所以應用程式不會知道資料是否有經過 IPSec 加密，使用者當然也不需要知道。

負責 IPSec 標準的 RFC 文件包含了基本架構的 RFC2401、關於 IPv4 環境的 RFC2402、關於 IPv6 環境的 RFC2406、關於金鑰管理的 RFC2408 與**網際網路密鑰交換** (Internet Key Exchange，IKE) 的 RFC2409。

圖 2-44 是 IPSec 的示意圖，支援 IPSec 的主機稱為 Security Host，而支援 IPSec 的路由器則稱為 Security Gateway，在圖 2-44 中簡寫為 SG，兩部 Security Host 之間需要以 Security Association (SA) 來規範彼此的安全政策與相關參數，像是要使用 AH 或是 ESP 安全協定、封包的操作模式等等；SA 是透過 Internet Security Association Key Management Protocol (ISAKMP) 來讓雙邊進行協調的，ISAKMP 也負責讓雙方協議出認證與加密時所需要使用的演算法，但 ISAKMP 並不能用來產生金鑰，因此還需要一個東西稱為 Internet Key Exchange (IKE)。IKE 協定可以讓兩部 Security Host 之間交換它們協議出的金鑰，在交換金鑰時，可以由 PKI 機制來協助進行憑證認證。

原始的封包內容在 payload 的部份，是經過加密的。IP 與 AH/ESP 的部份並未加密，是以明文傳輸。AH/ESP 是 IPSec 的安全協定，AH 是 Authentication Header，ESP 則是 Encapsulation Security Payload 的縮寫。IPSec 支持兩種操作模式，一是傳輸模式，另一是通道模式，所以合計有四種排列組合，然而 AH 與 ESP 是合併使用的，我們先來看 AH 安全協定。

AH 從它的名字來看，即可知道它的目的在於對封包的標頭提供驗證功能。

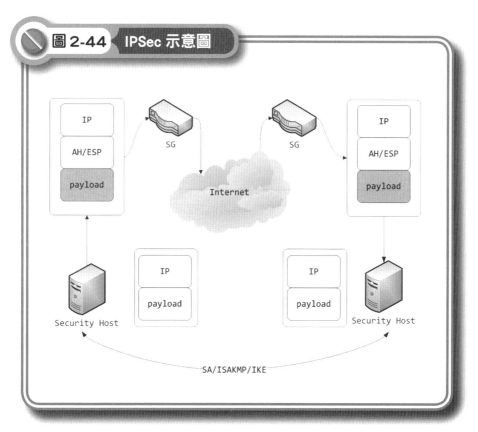

圖 2-44　IPSec 示意圖

傳送端的 security host 將 IP 標頭用訊息摘要等，以雜湊演算法進行運算，產生出一組數位指紋，這個指紋經由金鑰加密，可以得到 MAC，IP 封包與 MAC 一起送出，接收端的 security host 在收到這個封包之後，利用相同的雜湊演算法與金鑰產生 MAC，比對兩個 MAC 是否相同，若是不同，即表示封包的標頭有被修改過。

在傳輸模式與通道模式中，AH 的標頭所存放的位置是不同的，IP 分為 IPv4 與 IPv6 兩種，如圖 2-45。

原來的 IPv4 封包中，IP 標頭需要做一點修改，因為這個封包所攜帶的內容已經從原先的內容改為 AH，所以 protocol 的代碼內容需要修改為 51，原來的內容呢？存在 AH 的 Next Header 欄位中。IPv6 多了選擇性的 Extension 欄位，AH 可以放在 Extension 的前面或後面，因為在處理時是由左而右，若是 AH 放在 Extension 的前面，則每個路由器收到時都要先處理 AH 欄位，若這個路由器不支援 IPSec，它會看不懂 AH，所以比較好的方式是放在 Extension 的後面，等封包送達目的地再來處理 AH；在 IPv6 環境中，原來的 IP 標頭也要用如 IPv4 的方式進行修改。

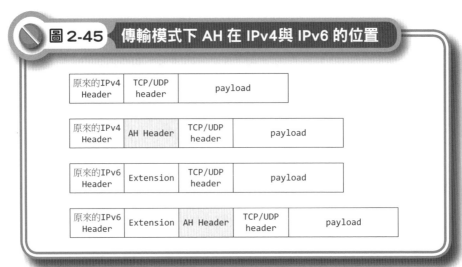

圖 2-45　傳輸模式下 AH 在 IPv4 與 IPv6 的位置

原來的IPv4 Header	TCP/UDP header	payload		

原來的IPv4 Header	AH Header	TCP/UDP header	payload	

原來的IPv6 Header	Extension	TCP/UDP header	payload	

原來的IPv6 Header	Extension	AH Header	TCP/UDP header	payload

在傳輸模式下，原來的 IP 標頭是保留的，以沒有加密的明文方式傳送，在通道模式中，原來的 IP 標頭會被進行加密處理，新的標頭被稱為 Outer IP Header，原來的 IP 標頭則被放在 Outer IP Header 的後面，如圖 2-46。

通道模式的建立目的是為了達到**虛擬私有網路** (VPN)，在封包傳送時，通道模式的封包中，原來的封包內容是區域網路的 IP 位址，例如 192.168.1.1，但是在 Outer Header 中，內容是外部網路的 IP 位址。

兩部 security host 在通訊時，雖然位在不同的網路，但是藉由通道模式，雙方可以將對方視為區域網路中的一部電腦來進行通訊，達到虛擬私有網路的效果。

再來我們來看 ESP，ESP 是將原來封包所**攜帶的資料** (Payload) 進行加密處理，再將它重新封裝為 ESP 封包。

ESP 一樣可以使用傳輸模式與通道模式兩種操作，因為它對 payload 進行了加密，所以安全性更高。但是因為對於表頭的認證並沒有進行太多處理，所以就資料來源的驗證方面，使用 AH 會是比較好的方法。

ESP 處理前與處理後的封包示意圖如圖 2-47，ESP Trailer 是 ESP 封裝時所使用的**填補** (Padding) 與 Next Header，用來指出 payload 所代表的協定代碼，ESP Auth 是放**完整性檢查值** (Integrity Check Value)，ESP Auth 的認證範圍是由 ESP Header 到 ESP Trailer。完整性檢查值是由雙方經由 SA 同意後的 MAC 計算方式來產生。由圖中可以看到，TCP/UDP、payload 與 ESP Trailer 都是加密過的，接收方可以對這些欄位進行驗證，來檢測資料是否經過修改。

ESP 在通道模式下的封裝結果如圖 2-48，ESP Auth 的有效範圍一樣

圖 2-46　通道模式下 AH 在 IPv4 與 IPv6 的位置

原來的IPv4 Header	TCP/UDP header	payload

Outer IPv4 Header	AH	原來的IPv4 Header	TCP/UDP header	payload

原來的IPv6 Header	Extension	TCP/UDP header	payload

Outer IPv6 Header	新的 Extension	AH	原來的IPv6 Header	Extension	TCP/UDP header	payload

圖 2-47　傳輸模式下 ESP 對 IPv4 與 IPv6 的處理

原來的IPv4 Header	TCP/UDP header	payload

原來的IPv4 Header	ESP Header	TCP/UDP header	payload	ESP Trailer	ESP Auth

原來的IPv6 Header	Extension	TCP/UDP header	payload

原來的IPv6 Header	Extension	ESP Header	TCP/UDP header	payload	ESP Trailer	ESP Auth

圖 2-48　通道模式下 ESP 對 IPv4 與 IPv6 的處理

原來的IPv4 Header	TCP/UDP header	payload

Outer IPv4 Header	ESP Header	原來的IPv4 Header	TCP/UDP header	payload	ESP Trailer	ESP Auth

原來的IPv6 Header	Extension	TCP/UDP header	payload

Outer IPv6 Header	新的 Extension	ESP Header	原來的IPv6 Header	Extension	TCP/UDP header	payload	ESP Trailer	ESP Auth

是從 ESP Header 到 ESP Trailer，與 AH 的運作方式相同，通道模式可以用在建立虛擬私有網路上。

SA 的角色是什麼呢？

ESP 對 payload 進行了加密，AH 也使用加密演算法來計算 MAC，為了解加密的需求，兩端的 security host 需要透過 SA 來協議好要使用哪一種演算法，IPSec 並沒有強制規定，只建議了 DES 演算法，時至今日，使用更強的 AES 會是一個比較好的選擇。

在認證方面，可以使用 MD5 或是 SHA 來實作。所以我們可以知道，SA 定義了安全環境的相關參數，像是加密、解密、和認證的相關訊息：只提供加/解密或認證或是兩者都要做、加/解密時所使用的演算法規格、認證時所使用的演算法規格、金鑰的管理、初始向量的管理與 SA 本身的生命週期。

SA 為了在短時間內協商這麼多的資訊，會使用 Security Parameter Index (SPI)，SPI 是一個 32 位元的值，一個 SPI 決定一種特定的 SA，而 Security Host 所使用的 IP 位址與 SPI 則可以定義出唯一的一種 SA。

那麼，Security Host 怎麼知道一個 SPI 對應到哪些機制呢？這是由 Security Association Database (SAD) 來記錄的，IPSec 上的目的位址、AH/ESP 與 SPI 可以用來搜尋 SAD，來得到對應的結果。

我們以 Windows 防火牆來示範 IPSec，我們利用一部伺服器開啟了通訊埠 21 以做為 FTP 使用，首先在如圖 2-49 的防火牆設定中，可以看到 FTP 21 埠規則，此時我們將此規則開啟，如圖 2-50，將執行動作改為僅允許安全連線，如圖 2-51，並按下「自訂」，將會出現自訂視窗如圖 2-52。

圖 2-49　未設定安全性的 FTP 21 埠

圖 2-50 FTP 21 的防火牆規則

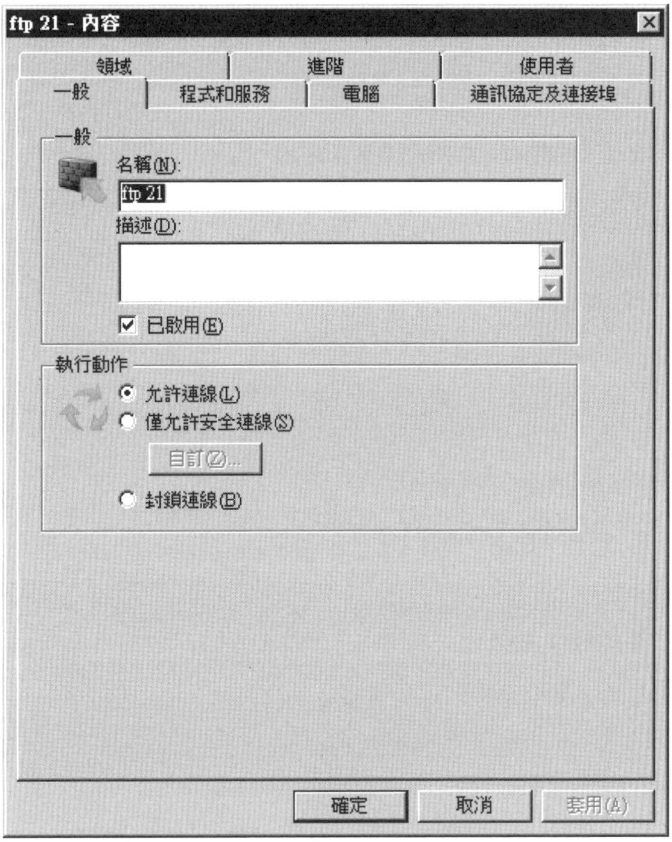

ftp 21 - 內容

領域		進階		使用者
一般	程式和服務	電腦		通訊協定及連接埠

一般

名稱(N):
ftp 21

描述(D):

☑ 已啟用(E)

執行動作

● 允許連線(L)
○ 僅允許安全連線(S)
　自訂(Z)...
○ 封鎖連線(B)

確定　　取消　　套用(A)

圖 2-51 選擇「僅允許安全連線」

執行動作

○ 允許連線(L)
● 僅允許安全連線(S)
　自訂(Z)...
○ 封鎖連線(B)

圖 2-52 自訂安全性動作

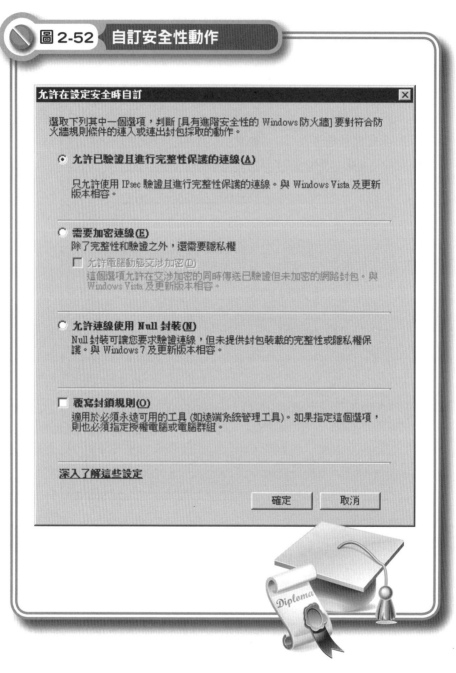

確定後,會發現規則的前方圖示由打勾變為上鎖的圖示,如圖 2-53,此時即表示了通訊埠 21 的連線限定了一定要使用 IPSec 才允許連線。

圖 2-53 具備安全性的輸入規則

再來我們示範如何進行連線，請注意目前是無法連線成功的，執行 FTP 時，發生的錯誤訊息如圖 2-54 所示。

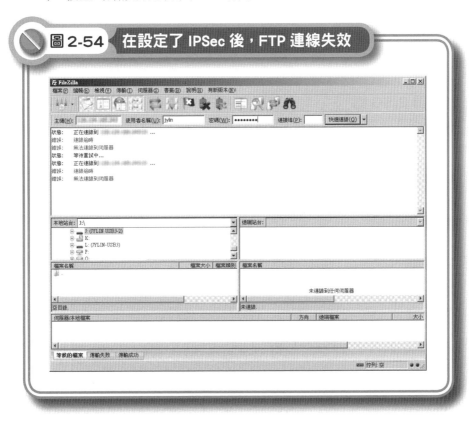

圖 2-54 在設定了 IPSec 後，FTP 連線失效

我們首先對伺服器端進行進一步的設定，在防火牆中，有個「連線安全性規則」，按右鍵即可新增規則，如圖 2-55。

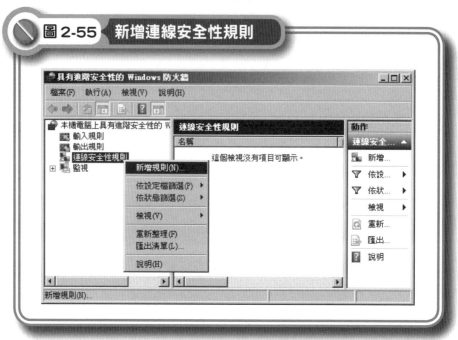

圖 2-55　新增連線安全性規則

再來我們使用預設的「隔離」安全性規則，如圖 2-56。

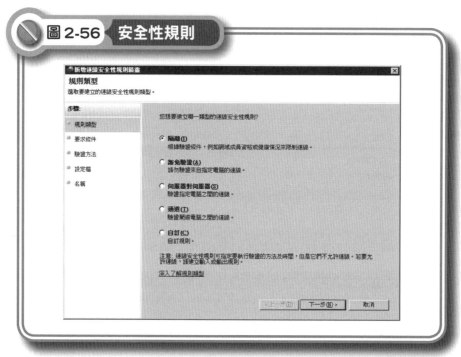

圖 2-56　安全性規則

接下來是選擇驗證的時機，如圖 2-57。「要求對輸入及輸出連線執行驗證」是表示輸入與輸出都會提出 IPSec 的「要求」，若是對方沒有此安全機制，就會採用一般的連線。

「需要對輸入連線執行驗證並要求對輸出連線執行驗證」，其中「需要」的意思在這裡就是「強制使用」，只有對輸入的連線強制要求 IPSec，但如果是輸出時，則僅是提出要求；最後一個是我們在這裡要使用的選項：「需要對輸入及輸出連線執行驗證」，是指對於輸入與輸出的連線都必須要通過 IPSec 驗證。

圖 2-57　驗證的時機

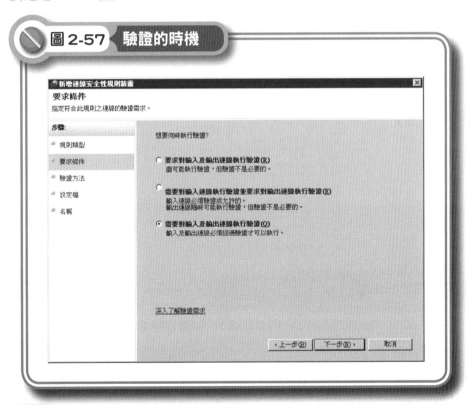

小博士解說

　　若是對應的一端收到要求，但無法處理這個要求，一般會選擇忽略這個驗證要求。目前 IPSec 已經漸漸普及，然而並不能保證所有的裝置、網路端點都已經支援 IPSec 標準，若是在新舊裝置混雜的環境中，設定 IPSec 後發生問題，可以先嘗試取消強制使用驗證。

再來我們會看到驗證方法的選擇，如圖 2-58，在這個示範中，因為電腦並沒有加入網域，所以沒辦法使用 Kerberos，我們選擇「進階」以自訂驗證方法，在如圖 2-59 的界面中，按下左邊「主要驗證」的新增鈕，於「新增主要驗證方法」的視窗中，選擇「預先共用金鑰」，在這裡我們以 12345678 做為金鑰，如圖 2-60。

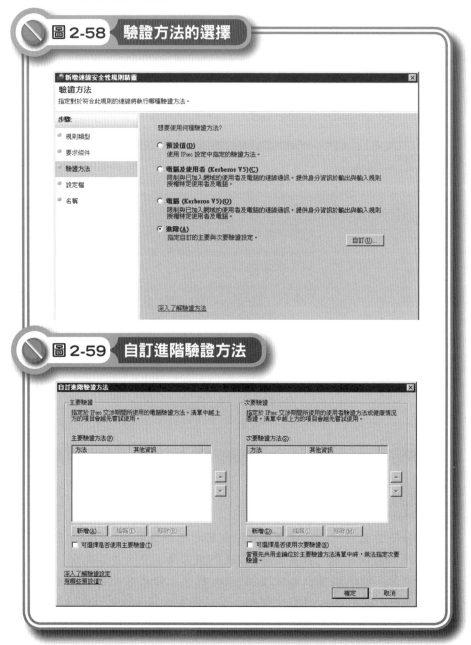

圖 2-58　驗證方法的選擇

圖 2-59　自訂進階驗證方法

圖 2-60 新增主要驗證方法

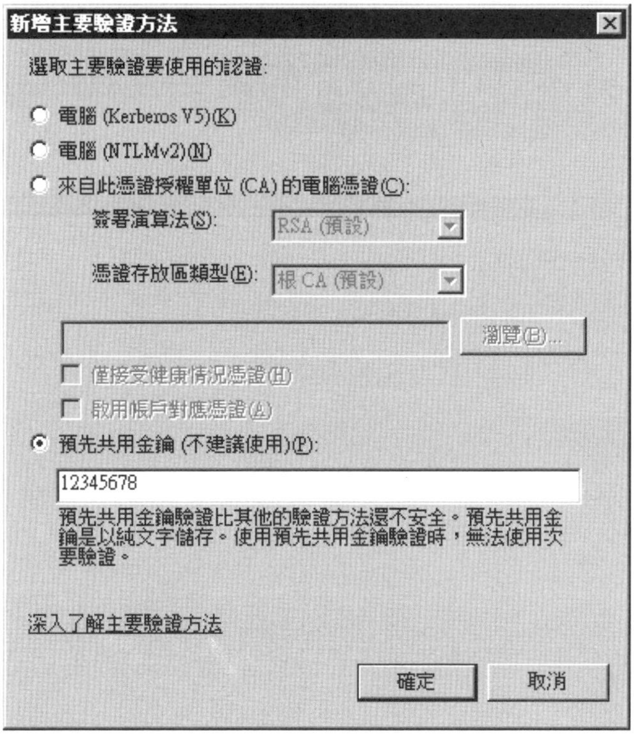

小博士解說

　　我們可以注意到，「預先共用金鑰」被註記了「不建議使用」，這是因為我們使用預先共用金鑰時，此金鑰是用純文字來儲存，表示它可能會有被偷看到的風險，而且用這種金鑰就像是使用密碼一般，並不能像憑證一樣確認使用者的身份，只要有密碼就可以通過驗證，是一種安全性較低的驗證方法。

　　然而，在這裡我們只是進行流程的示範與測試，所以仍選擇此方式，在正式運作 IPSec 的環境中，建議建立 Kerboros 環境來提高安全性，不要只為了一時便利，就採用預先共用金鑰的方式來做為主要認證。

　　確定後回到防火牆的精靈，此時會要求選擇套用規則的設定檔，如圖 2-61，最後幫這個規則設定名稱後即可結束，我們在這個範例中，將其命名為 IPSEC，建立後的連線安全性規則如圖 2-62。

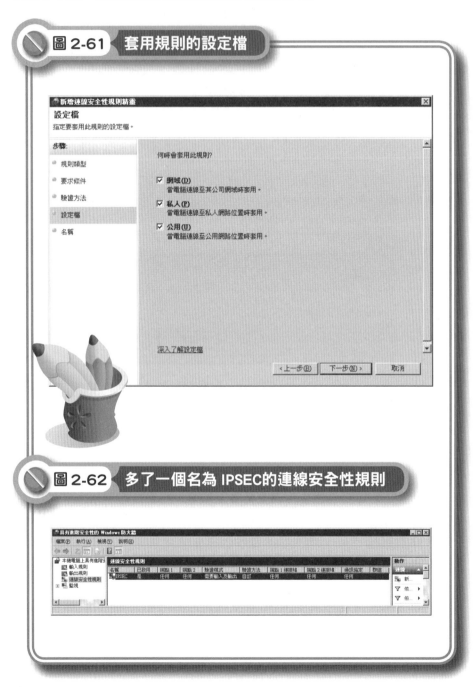

圖 2-61　套用規則的設定檔

圖 2-62　多了一個名為 IPSEC 的連線安全性規則

此時可以看到，伺服器的部份對於所有的通訊都要求一定要具備 IPSec，我們可以做進一步的設定，讓這個實驗僅應用在 FTP 的通訊埠 21 上。在規則上按右鍵選擇內容，再選擇「通訊協定及連接埠」，將通訊協定類型改為「TCP」，並輸入端點 1 連接埠為 21；所謂端點 1 是指本地端，而端點 2 是指其它電腦，這是對伺服器的設定，如圖 2-63。

圖 2-63　將規則限制在 21 埠

再來我們需要進行的工作是為本端機器做同樣的設定：建立一個連線安全性規則，並使用一樣的預先共用金鑰。設定完畢後，仍要對規則進行調整，如圖 2-64。再次測試 FTP 工具，會發現已經可以正常連線，如圖 2-65。

圖 **2-64** 本機也要將規則限制在 21 埠

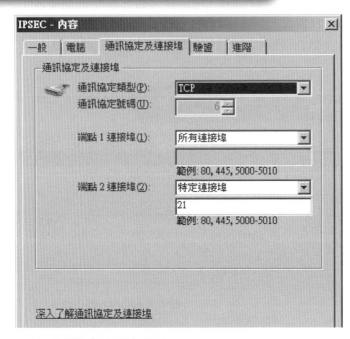

圖 **2-65** FTP 工作正常

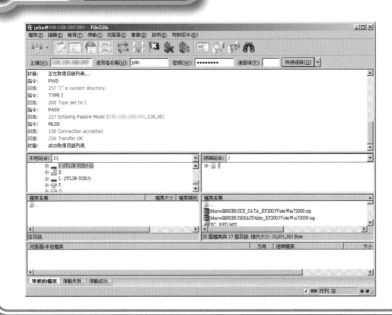

在防火牆中，開啟「監視」項目，可以看到「安全性關聯」，其實就是 SA，其中有兩個子項：主要模式與快速模式。

主要模式是用來建立溝通管道，會協商出主要驗證方法、次要驗證方法、加密方法、完整性檢查演算法與金鑰交換方法。

快速模式中的參數是用來控制資料傳輸的安全機制，可以看到 AH 與 ESP 在這個階段才出現，這個模式也負責將 SPI 與金鑰等資訊傳送給 IPSec 的驅動程式，以進行後續運算處理。

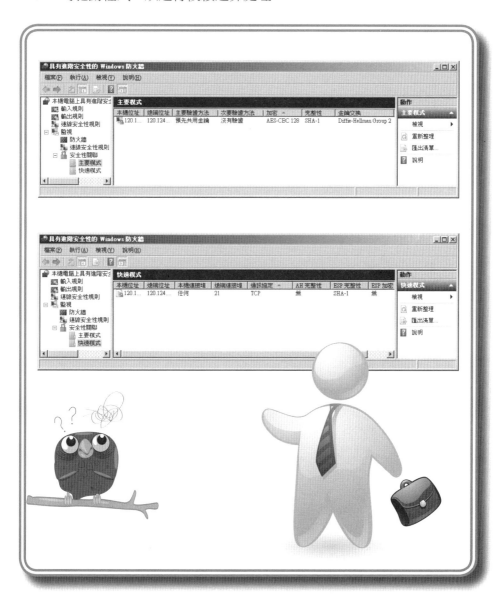

習　題

1. 使用 OpenSSL 工具練習 RSA 加密與解密。

2. 使用 OpenSSL 工具實作 PGP。

3. 使用 OpenSSL 工具，將 DES 與 RSA 合併使用。

4. 使用兩部機器，其中一部架設 HTTP 伺服器，於這兩部機器上實作 IPSec 機制保護 HTTP 連線。

第 **3** 章

網路威脅和防護

章節體系架構 ▼

Unit **3-1**
資料庫由來與攻擊手法

資料庫的由來

　　網路安全的目的是為了要保護資料，我們通常以四個方向來分析安全性措施是否足夠，或是否具備足夠的保護能力，這四個方向是**機密性** (Confidentiality)、**可用性** (Availability)、**完整性** (Integrity) 與**可究責性** (Accountability)，前三者被稱為 CIA，是常見的安全性原則。

機密性

　　機密性是指受保護的資訊只有具有權限的人可以存取，具有權限的人該如何存取？如何確保想要存取的人具有權限？是維護資料機密性的重點。

　　每一種資料都可以區分它的機密程度，越是具備高價值的資訊，會具有更高的機密性。機密性越高的資料，當然要有更高的保護機制，如果所有的資料都列為最高機密，在保護資料的時候就會花費不必要的成本。

　　舉例來說，書桌的抽屜跟保險箱所放置的資料應該有很大的差異，如果書桌抽屜安裝了需要多組號碼的密碼鎖，在生活中想必非常不便。

可用性

　　資料當然是要拿來用的，保護過了頭，變成沒有人可以讀寫的資料，雖然可以說是在保全上做得非常好，但是一點意義也沒有。

　　可用性強調的是讓需要且可以存取資訊的人，在必要的時候可以確實存取到資料。

　　可用性是可以計算的，常用的計算方式是**上線時間** (Uptime)，有時則簡稱為「幾個 9」，意義是在一年的時間內，有多少時間是不可用的狀態，我們稍做計算，一年的總秒數以 365 計算，則是 365×24×60×60 = 31536000，依不同的可用性比例計算如下：

　　2 個 9：99% = 31536000 × 99% = 31220640 = 361 天 8 小時 24 分鐘

　　3 個 9：99.9% = 31536000 × 99.9% = 31504464 = 364 天 15 小時 14 分鐘 24 秒

4 個 9：99.99% = 31536000 × 99.99% = 31532846.4 = 364 天 23 小時 7 分鐘 26.4 秒

5 個 9：99.999% = 31536000 × 99.999% = 31535684.64 = 364 天 23 小時 54 分鐘 44.64 秒

6 個 9：99.9999% = 31536000 × 99.9999% = 31535968.464 = 364 天 23 小時 59 分鐘 28.464 秒

可以發現，若是一個系統聲稱可以做到 6 個 9，則這個宣言的背後代表的是，該系統在一年之間停機無法使用的時間不到 32 秒，這已經是非常驚人的數字，想像一下一般個人電腦，光是開機就超過半分鐘了。

未來將會有更穩定的系統架構問世，朝著更多 9 前進。

完整性

完整性可以看成是可靠、完整與可信任，也就是資料的內容必須是正確無誤的，若是資料不完整，一種可能是發生損毀，另一種可能則是被竄改過。

資料的取得往往是花費人力、物力才能完成的，例如學生基本資料，若是三不五時就要求全校學生重新填寫、確認個人基本資料內容的正確性，想必會對學生造成極大的困擾，又或者是考試成績發生不完整的現象，難道要請學生重新考一次嗎？

因此，除了資訊安全的考量之外，建構完善的備份策略也是非常重要的。

可究責性

這是指資料發生錯誤或被非法使用時，由組織中的成員負責承擔責任。

這個特性並不是為了推卸責任而設計，而是強調每個資訊安全的設計都必須有專人為這個設計、這份資料負起責任，當災害發生時，組織中不需要為了找人負責而人仰馬翻，一開始就已經定義清楚該負責維修善後的人是誰，此時請他立即處理即可，其它人員則繼續專注於自己的工作。

另外，當資訊的完整性有疑慮時，也應該有專人負責驗證資料內容的正確性，或是負責重新收集資料。另外，我們也希望能將使用者帳號與其行為建立權責上的對應關係。

完成可究責性的步驟包含了：

1 識別 (Identification)

2 驗證 (Authentication)

3 授權 (Authorization)

4 稽核 (Auditing)

5 究責 (Accountability)

需要具備這些步驟，才算是具備了高可究責性。

122

　　知道保全的特性之後，再來我們就是要了解，什麼東西會破壞上述的四個特性？還有為什麼這四個特性會被破壞？

　　我們把具有價值的資料視為「資產」，這些資產的保存方式與存取機制存在一種以上的「**脆弱性**」(Vulnerability)，脆弱並不表示會產生問題，會產生問題的是「**威脅**」(Threat)，威脅是利用脆弱性造成資產損失的手段，當威脅存在時，我們就認為我們的資產具有「風險」(Risk)。

　　當資安事件真的發生，不管是人為的或是天災，不管是故意的還是不小心，傷害已經造成，這叫做「**衝擊**」(Impact)，我們通常是依衝擊的大小來決定資產的價值，越是會心痛的，越是珍貴。要保護資產免於衝擊，需要思考的就是風險在哪裡。

攻擊手法

　　網路上存在著各種破壞與攻擊手法，我們在這裡針對不同的類型做介紹，但是請存在一個認知，就是攻擊方式推陳出新，當一個惡意程式被開發出來，通常不會公告給大家知道，而是在爆發相關事件後才被發現原來存在這種漏洞，所以我們沒辦法在這裡介紹所有各種攻擊方式，然而，許多攻擊的原理是非常類似的，只是做了更多的變化或偽裝。

1 資料庫

許多架構都使用資料庫來儲存資訊，若是我們在進行遠端資料庫查詢時，有人攔截了這個連線，竄改了我們查詢的指令，則回傳的結果會是錯誤的，甚至是被人攔截了查詢結果，導致資訊外洩。

2 巨集

巨集指的是一段執行應用程式內部功能的程式碼，我們可以利用巨集大幅減少重複性高的工作，微軟的 Office 系列軟體大多支援了以 VBA 撰寫巨集，然而當使用者不去確認巨集的內容時，就很容易執行了惡意的巨集。

現在 Office 系列軟體都會在開啟文件時，檢查文件是否有巨集，預設會先停用巨集，使用者確認要使用時再開啟，如圖 3-1。

圖 3-1 Microsoft Word 的巨集功能在「檢視」類別下

3 電子郵件

利用電子郵件的攻擊方式主要有三種方向。

第一是夾帶惡意的程式，若是使用者未經確認就開啟，惡意程式就開始執行了。

第二是帶有惡意原始碼的 HTML 式郵件內容，以前的電子郵件內容皆為純文字，後來都可以直接顯示網頁，而惡意的網頁原始碼在開啟郵件時就會立即執行。

第三則是在郵件內容中隱藏了惡意的連結，常見的例如通知你電子郵件信箱已滿，要求你點選一個網址登入，而這個網址卻與你的電子郵件信箱沒有絲毫的關係，在使用者以為自己是正常登入時，帳號密碼其實已被記錄下來，而惡意攻擊者就此可以登入使用者的信箱了。

④　間諜軟體

如果一個軟體在執行時期，偷偷的做了一些你不知道的動作，將你未同意的資訊傳送到別的主機上，這軟體就被稱為**間諜軟體** (Spyware)。

被稱為間諜的原因，跟它的行為一樣，是因為它的動作是不被你察覺的，讓你以為執行了一個正常的軟體，卻在背地裡傳遞出你的資訊。有些間諜軟體甚至會記錄並傳送身分證號碼、信用卡號碼等資訊，也有部份間諜軟體會把你輸入的每個按鍵都傳送出去。

⑤　廣告軟體

廣告軟體 (Adware) 不一定是惡意的。部份軟體為了做到讓使用者免費使用，會與廣告廠商合作，軟體執行中會出現廣告，而廣告的出現頻率或是點選次數，會影響到廣告廠商付費給軟體開發商的金額。

然而，有些廣告軟體採用的是不定時跳出廣告視窗，即使將軟體關閉，仍會隱藏在背景執行，於是一直出現煩人的廣告。廣告軟體有時與間諜軟體一同運作，利用間諜軟體傳遞使用者資訊來判斷使用者的習慣或喜好，進而判斷應該要出現什麼樣的廣告。

⑥　Rootkit

Rootkit 原本是指為了取得 root 權限 (Unix/Linux 管理員權限) 所包裝而成的一組工具，現在則是指可以隱藏本身或是隱藏其它程式的軟體，隱藏的地方可以是記憶體的每一個位置，而且它會修改作業系統的核心來達到隱藏的效果，也就是作業系統本身都不知道原來有這個程式正在執行中。一個程式隱藏起來，並不表示它是惡意的，但一個隱藏起來的惡意程式，會做什麼事情就很難講了。在 Window 作業系統中，我們可以透過工作管理員，如圖 3-2，來查看目前系統中運作的程式有哪些。如果在這個列表中，發現有不明程式，可以到網路上尋找相關資訊，若確認是有問題的，就該將它移除。使用者名稱若是 SYSTEM，表示這個程式是由系統來執行，不是以使用者的身份來運作，惡意程式通常是以這種使用者身分在運作的。

圖 3-2 Windows 工作管理員

7 病毒

　　病毒 (virus) 的歷史相當悠久，早在 DOS 時代就已經有大量的病毒在散播，病毒是一種惡意的程式，惡意包含了損毀資料、妨礙正常工作或是惡作劇等。電腦病毒大多不會是獨立的一支程式，而是會藏身於正常的程式之中。當你執行了這個程式之後，病毒就會啟動，若是病毒藏身於開機磁區或是 BIOS 之中，每次開機都會導致病毒發作。

　　若是病毒的影響範圍只限於一台電腦，那它所能造成的傷害很有限。若是病毒一經啟動就立即做出動作，也會馬上被察覺，它之所以棘手，是因為病毒具備感染能力。當一隻病毒感染了電腦本身全部檔案，你將任一個檔案傳播出去，就可能將病毒傳播出去，於是常常發生怎麼殺都殺不完的狀況，因為清除病毒的電腦有可能再一次受到感染。

一個常見的情境是，一個使用者攜帶他的 USB 隨身碟到影印店要列印文件，卻不知道自己的 USB 隨身碟是帶有病毒的，當影印店的公用電腦沒有防毒軟體，或是防毒軟體過於老舊，則這個病毒就進入了公用電腦，下一位使用此電腦的用戶插入 USB 隨身碟之後，他在隨身碟中的資料就會遭到感染，回家之後又插入自己的電腦使用，於是也把病毒帶回家了。

病毒的型態相當多，開發病毒的目的可能是為了鑽研技術，也可能是為了破壞敵對公司的資產，隨著防範的技術越來越完善，病毒偽裝與保護自己不被消滅的技術也日新月異。

雖然許多文件都試圖將病毒分門別類，例如依破壞能力多寡來分類，或是依病毒的技術來分類，我們在這裡並不去做這種分類，因為新的病毒常以新的技術出現，往往超出類別的定義，所以分類就沒有太大的意義了。

一般而言，病毒的目的都在於存活，存活的主要方式有兩種，一是不被發現，二是人多勢眾，殺了一隻病毒，還有千千萬萬隻病毒。

存活的時間越久，就能感染更多檔案。

能夠發現病毒、妨礙它存活的，是防毒軟體，而防毒軟體最常用的技術是採用「特徵」，因為病毒是程式的一種，經由演算法，可以將病毒的原始碼轉換為一種特徵，若是一支程式內部包含了這個特徵，就可以認定它已經被病毒感染。

既然知道防毒軟體的手段，有些病毒會進行「突變」、「變種」，經由修改自己的程式碼，讓防毒軟體無法辨認是否為病毒。

也有一些病毒做出「乞丐趕廟公」的行為，在感染後，會去尋找電腦有沒有安裝防毒軟體，試圖破壞防毒軟體本身功能，讓使用者誤以為防毒軟體正常運作中，但其實已經失去了掃毒能力。

對於以特徵碼做為判斷依據的防毒軟體而言，病毒一定比防毒軟體還新，當沒有災情發生、沒有使用者回報、沒有人知道有這隻病毒的時候，防毒軟體的資料庫中不可能會有這隻病毒的資料，當然也就不知道原來它是病毒。

現代的防毒軟體中，部份會包含**沙盒** (Sandbox) 功能，也就是對於未知的程式，產生一個受保護的環境來執行它，若這支程式有不軌的行為，因沙盒與真正的系統是分隔開來的，真正的系統不會受到影響，而防毒軟體也能因為這些不軌行為來判斷它是惡意程式，對它分析並產生新的病毒特徵，並回報至防毒軟體公司，更新全球的病毒資料庫。

在台灣，「台灣電腦網路危機處理暨協調中心」收錄了許多資安相關的文件與新聞，如圖 3-3，病毒也在他們關注的範圍內，可以到 http://www.cert.org.tw 查閱最新的消息。而 Virus Bulletin (http://www.virusbtn.com/

index) 網站則是一個以中立的角色評比不同防毒軟體的機構，在選用防毒
軟體之前，可以先調查不同防毒軟體的表現，如圖 3-4。

圖 3-3　台灣電腦網路危機處理暨協調中心

圖 3-4　Virus Bulletin 網站會定期對不同防毒軟體進行評比

8　木馬

　　木馬 (Trojan Horse) 這個名詞來自於荷馬所著的特洛伊戰爭，希臘攻打特洛伊時屢攻不下，最後假裝撤退，但遺留一隻巨大的木馬，特洛伊人將這隻木馬視為戰利品帶回城中，卻不知道希臘軍士們躲藏在木馬中，引狼入室的結果，就是希臘攻破特洛伊城，取得勝利。

小博士解說

　　木馬的種類可以大致分為下列幾種：

　　破壞型：這種木馬的目的是破壞並且刪除檔案，行為與病毒類似，可以自動的刪除電腦上的 DLL、INI、EXE 等不同的文件。

　　密碼發送型：這種木馬會尋找使用者電腦中儲存的密碼資料，並將這些資料傳送到指定的信箱或網址。有些使用者會把自己的密碼以檔案的形式存放在電腦中，或是直接利用系統或瀏覽器所提供的密碼記憶功能，這樣雖然可以不必每次都輸入密碼，但許多木馬會去搜尋這類檔案，在可以存取網路時，立即將這些資訊傳送到駭客手上。

　　遠端存取型：最廣泛的木馬型式就屬這種，木馬本身所扮演的是如遠端桌面服務的功能，傳送 IP 與密碼給駭客之後，駭客就可以進行遠端控制或是遠端監視，使用者畫面上的行為一五一十的全都傳送給駭客，當然也沒有什麼機密可言。

　　鍵盤記錄木馬：這種木馬做的事情就是記錄使用者的鍵盤事件，並將所有按下的鍵全都存在記錄檔中，一般情況下，我們輸入帳號之後會立即輸入密碼，所以駭客若是知道這個使用者在特定網站上使用的帳號為何，就可從中尋找可能是密碼的資料，因為利用鍵盤輸入的資料全都在記錄檔中，所以駭客也可以使用各種工具去分析出帳號與密碼的組合。

　　DDoS 攻擊木馬：DoS 與 DDoS 都需要大量的客戶端做為攻擊的發起點，而駭客為了累積大量的客戶端，就需要有不知情的使用者來做為犧牲者，所以這種木馬的危害在於它可以利用它來發動攻擊，造成他人的傷害和損失。

同樣的方式也在電腦世界中運作，木馬是偽裝成正常程式的惡意程式，可能是程式的一個附件，或是一個功能，它的作用最常見的是像間諜軟體一般，偷偷開啟後門，讓有心人士在你的電腦中通行無阻，甚至是控制你的電腦。現代的防毒軟體可以掃描出木馬，但就如病毒一般，可能在防毒軟體發現木馬的時候，你的電腦早就已經被入侵過了。

因為許多木馬都會透過網路連線開啟一個特定的埠，以讓有心人士連線進來，所以可以透過檢查電腦開啟的埠，來做初步的檢查。較為複雜的木馬程式會包含 rootkit 隱藏起來，此時就難以透過網路埠的方式來察覺。

在 Windows 系統中，可以透過 **netstat** 這個程式來列出網路狀態，如圖 3-5。

圖 3-5 **利用 netstat －a 檢查網路埠狀態**

利用參數 − a，會顯示所有的資訊，，參數 − b 可以列出建立連線或監聽埠的執行檔名稱，− o 會列出與該連線相關的行程 ID，可以在工作管理員中利用此 ID 查看是哪一個應用程式，如圖 3-6。

圖 3-6　**利用 netstat − a − b − o 列出更詳盡的資訊**

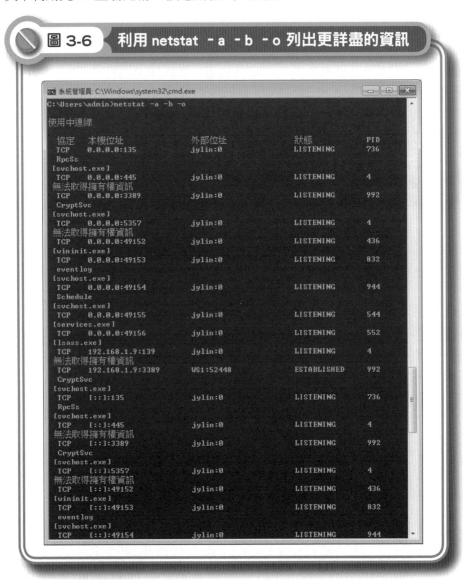

9　蠕蟲

蠕蟲聽起來很噁心，原文是 worm，也就是蟲，「蠕」這個字可以用來強調它的能力，就是一直動個不停，蠕蟲本身通常不會有什麼破壞力，通

常也不去主動損毀資料或是惡作劇，它最大的特色就是一直進行自我複製，電腦的資源有限，自我複製的結果就是耗盡電腦資源，例如讓你的硬碟沒有可用空間、耗盡所有可用記憶體等等，著名的 Jerusalem 蠕蟲和 Nimda 蠕蟲，連 HTML 檔都能感染。

　　耗盡資源的電腦只有癱瘓一途，在區域網路中，蠕蟲透過網路大量複製，很快就會把頻寬佔滿，導致網路速度大幅下降，失去可以正常作業的能力。

 小博士解說

　　雖然蠕蟲對資料的破壞性並不高，但是因為幾次大規模的擴散，導致蠕蟲惡名昭彰，尤其是透過網路傳播的蠕蟲，因為大量的自我複製，佔用了大量的頻寬，使得正常使用者幾乎無法正常工作，對企業來說，電子郵件、訂單或是法律文書無法正常地透過網路傳送，背後的損失難以估算。最麻煩的是，若是無法清除全部感染蠕蟲的程式或檔案，只需要從一部電腦啟動擴散，整個網路環境都會再次面臨壅塞的狀況，因此處理起來較為棘手。

　　較為知名的案例是 1999 年的 Melissa、2000 年的 I LOVE YOU、2001 年的 CODE RED、2003 年的 BLASTER、2004 年的 SASSER 與 2006 年的 NYXEM 等等，它們曾經造成公司、學校等網路環境的癱瘓，許多網路管理人員甚至不得不將網路關閉以避免災情擴大。部份蠕蟲開始攜帶攻擊性的程式碼，基本上這已經可以算是病毒的一種，也就是合併了病毒的攻擊性與蠕蟲的傳播能力，可想而知破壞性有多強。

　　後期蠕蟲所造成的影響較小，許多攻擊性強的蠕蟲並沒有造成大規模的擴散，並不是因為它的威力減小或是消失了，而是因為資安觀念隨著網路普及而有所提升，幾次的癱瘓，讓企業更願意投資相關軟硬體設備以阻絕蠕蟲或病毒的傳播，所以即使部份電腦感染蠕蟲，傳播後所造成的影響規模較小，大多被限制在一個區域網路之中。然而，這並不表示蠕蟲已經不具有危險性，網路規模不論大小，被癱瘓都是一個災難，對於提供網路服務主機的人員來說，遭受蠕蟲攻擊就像是遭受 DDoS 攻擊一樣，都可能讓主機無法提供正常服務，對於公司營運當然也會產生負面影響，導致營收的損失。

Unit 3-2
竊取存取權

病毒、木馬與蠕蟲是個人使用上常遇到的威脅，再來我們來看看有哪些手法，目的在於竊取你的存取權、竄改你的資料或是妨礙你的系統服務。

竊取存取權的攻擊會影響到資訊的機密性，這些攻擊常發生在兩個主機溝通資料的時候，手法包含了竊聽、嗅探與攔截。

竊聽通常是被動的，當兩個系統在傳遞資訊時，竊聽的裝置可以從中取得通訊內容；嗅探是一種尋找資訊的行為，例如在許多檔案中尋找特定資訊；攔截跟竊聽很相似，但竊聽只是「聽」而已，攔截指的是具有將通訊從中截斷的能力。

許多公司都安裝了具備資訊竊聽的裝置，目的並不是要竊聽公司員工的資料，而是記錄從公司網路對外的全部通訊，當商業機密外洩時，即可從中尋找蛛絲馬跡，找到洩密者，然而，雖然不是故意的，但是仍然表示員工的資訊會被他人知道，技術本身是沒有善惡之分的。

竄改資料的第一步是要取得存取權，所以竄改通常是發生在竊取存取權之後。

竄改的目的通常是為了本身利益，另一部份則是惡作劇之類的，例如取得學校資料庫的存取權後，修改自己的學期成績；或是更改別人的網站的首頁內容；又或是將網站導向到另一個惡意網站；在交易完成後修改資訊讓商家以為款項都已經付清等等，都是竄改的目的。

1 阻斷服務與分散式阻斷服務

妨礙系統服務最知名的方法就是 DoS (Denial of Service) 與 DDoS (Distributed Denial of Service)，稱為**阻斷服務與分散式阻斷服務**。以一部伺服器來說，本身能提供的服務數量是有限的，想像你在家裡用你的個人電腦建置了一個網站系統，當全台灣的人都要連線進來時，會發生什麼問題？可能是服務品質變得非常差、反應非常慢，也可能導致系統失敗重新啟動。

DoS 的目的並不是要入侵系統，這種攻擊也不具有入侵系統的能力，它做的就是不斷的向伺服器提出要求，試圖癱瘓伺服器。當發起攻擊的主機只有一部時，勢單力薄，伺服器一方可以因為偵測到這個不尋常的大量要求，而中止跟這部主機連線，那攻擊方的手法就失敗了。

如果現在發動攻擊的是一大群電腦呢？由一群電腦合力攻擊一部伺服器的阻斷服務攻擊，就稱為 DDoS。

伺服器可以中止一部電腦的連線，封鎖其 IP 即可，但是現在是數萬個 IP 要求連線，伺服器要怎麼判斷這數萬個 IP 是無辜的還是惡意的？

DoS 攻擊所傳送的要求並不固定是哪一種類型，即使是用 ping 也可以，一般我們使用 ping 的時候，會傳送 ICMP 封包，當大量的電腦用了大量的 ping，導致受攻擊伺服器被大量的 ICMP 封包淹沒，使其重新開機，這種攻擊稱為 Ping of Death，如圖 3-7。

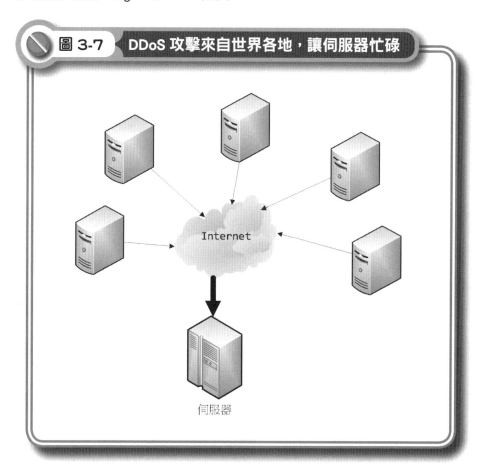

圖 3-7 DDoS 攻擊來自世界各地，讓伺服器忙碌

另一種稱為 SYN Flood 的攻擊，是透過 TCP 的三方交握機制來攻擊。發動攻擊方會先送一堆 SYN 給伺服器，伺服器會回應 SYN/ACK，表示已收到，可以開始連線，但攻擊方此時就停止回應，讓伺服器在那裡乾等，漸漸的耗盡伺服器的資源。

DDoS 所使用的大量電腦是哪裡來的呢？為了癱瘓對方主機而購買一大堆電腦來連接網路？這種大耗成本的事情不是不可能，但常見的是利用**殭屍網路** (Botnet)。

在網路上，有成千上萬的電腦被植入木馬或是間諜程式，這些程式開啟後門之後，電腦就可以被他人操控，而這種使用者自己無法控制的電腦被稱為**殭屍** (Zombie)，這些電腦形成了殭屍網路。

當攻擊者發出指令，殭屍大軍即朝受攻擊方發出請求、要求回應，於是就癱瘓了受攻擊方的伺服器或整個網路。曾受到 DDoS 攻擊的案例很多，像是英雄聯盟、魔獸世界等知名網路遊戲的伺服器就曾受攻擊，從這些案例也可以知道，DDoS 真的防不勝防。

2　後門攻擊

後門是指一個系統或是軟體所具備的非正規存取機制。有時候是故意留一個後門，為的是方便日後的維護，例如在設計系統時，除了正規的管理者介面之外，還可能有一個只有設計師知道的小程式，可以透過這支小程式修改系統。

另一種後門則是指被攻擊者植入而不讓使用者察覺的程式，這支程式的用途就是讓攻擊者可以不必經過正規的身份驗證就可以為所欲為，如圖3-8。

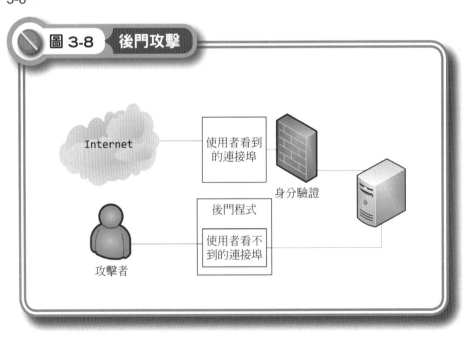

圖 3-8　後門攻擊

3 假冒者攻擊

這種攻擊是攻擊者假冒成另一個具有存取權的合法使用者或是程式，常見的手法像是 ARP Spoofing、IP Spoofing 還有 DNS Spoofing。

• 我們先來看 ARP spoofing，ARP 的用途是 IP 與 MAC 的轉換，如果現在轉換的結果是錯誤的，會發生什麼事呢？資料就會送到別人家去啦。

我們用送信來當例子，假設現在有一棟公寓，公寓的門牌是 18 號，1 樓是張小姐，2 樓是林先生。

門口的管理員是 ARP 的角色，當有人要送信到 18 號 1 樓，管理員會放到 1 樓張小姐的信箱，若是要寄到 18 號 2 樓，管理員當然是放到 2 樓林先生的信箱。現在，假設管理員是仿冒的，當有人將信送到 18 號 1 樓時，假管理員就將信件塞到三樓陳先生的信箱，那張小姐就會一直收不到信了，若是陳先生將信件內容修改後再放回張小姐的信箱，那麼張小姐就不疑有他，接收了被篡改的信件。

最直接的解決方法就是使用靜態的 ARP 表。因為靜態的 ARP 表是手動輸入，而不是透過網路資訊自動產生，所以若有一部主機發出廣播，要大家修改 ARP 表的內容，不使用動態資訊的話，這些廣播訊息就會被忽略，而會固定使用靜態記錄，可以想像成，每次都找固定的管理員來處理信件，就可以避免仿冒問題了。

• IP Spoofing 會在封包中產生假的來源位址，通常是受攻擊方的 IP，利用這種方式可以騙過封包過濾式的防火牆，因為封包的資訊是正常的，所以防火牆會誤以為是被攻擊的伺服器自己送出去的封包。

• DNS Spoofing 是利用網域名稱伺服器的弱點來攻擊，DNS 伺服器是一種階層式的架構，例如當我們查詢 www.mlab.tw 時，會先到負責 tw 網域的伺服器查詢，然後再到負責 mlab.tw 網域的 DNS 查詢 www 這部主機的 IP 是多少。然而，因為 DNS 的負載龐大，所以會有快取的機制，若是這個快取的內容是錯誤的，則使用者就會輸入正確的網域名稱，卻被帶往錯誤的網站，如圖 3-9。

2013 年 10 月，欲連結至防毒軟體公司 AVG 與 Avira 的官方網站都會被帶往一個駭客聲明的網頁，一度讓人認為防毒軟體公司被駭客入侵，但後來才發現是這兩家公司的 ISP (網路服務提供者，例如中華電信) 的 DNS 被感染，換用其它的 DNS 伺服器即可連線到正確的網站。

圖 3-9　受攻擊的 DNS 伺服器會讓使用者連線到錯誤的主機

　　假冒者攻擊的另一種樣式是產生一個一模一樣的使用者登入畫面，當使用者輸入他的帳號與密碼時，這個登入環境會將帳號密碼轉送到正確的網站，但也同時將這組帳號密碼儲存起來，這就像是在提款機的按鍵上，裝了一層透明的感測器一般，使用者不疑有他，但密碼已經被他人盜去，於是攻擊者就可以假冒身份了。

　　同理，當這種手法搭配 DNS Spoofing 時，攻擊者可以假冒出極逼真的 Facebook 網站畫面或是 Yahoo 網站畫面，當使用者欲連結到這兩個網站並被要求登入時，因為網址正確、畫面又分不出真假，使用者就會很自然的輸入了自己的帳號密碼，然後攻擊者再將其轉換到正確的網址，於是就不會被發現中間有鬼。

　　然而這種方式其實不容易實現，因為在使用網站時，網站內的連結若不是使用 IP 而是網域名稱，因為網域名稱已經被竄改，馬上又會連回去仿冒的網站，當網頁一直跳回登入頁面，使用者一定會懷疑有問題，所以容易被識破。

4 網路釣魚

網路釣魚 (Phishing) 是利用一些看似合法的網址或是網站來欺騙使用者，讓使用者誤以為這是一個合法的請求，連結後輸入資料。對網頁而言，使用者容易相信她所看到的文字，例如圖 3-10，很容易會以為自己所點選的網址是 https://www.facebook.com，然而，實際上連結的目標是 http://www.mlab.tw。

圖3-10 網址連結的目標與文字不同

因為在 HTML 中，是以 <A> 標籤的屬性 HREF 來決定連結目標，而不是呈現的文字。

有些網路釣魚像詐騙集團一般，寄來一封電子郵件，說使用者的帳戶被凍結、信箱可用容量有問題、將會被停權等等，要求使用者儘速登入郵件中所附的網址以取回原有的權限或功能。

當攻擊方取得使用者的郵件通訊錄，可以在發信的時候假冒使用者的身分，想像一下，若是郵件中署名是你認識的人，想必可信度會比陌生人更高，這種針對式的網路釣魚又稱為**魚叉釣魚** (Spear Phishing)，也被認為是**社交工程** (Social Engineering) 的一部份，社交工程我們稍後會提到。

盜用 Facebook 帳號，以訊息請他人代買物品或收取簡訊等，也是常見的魚叉釣魚手法，因為 Facebook 等社群網站上，朋友並不完全是非常

熟識的人，在收到訊息後，可能會基於幫朋友一個忙的想法，就提供了手機號碼等資訊，像是圖 3-11 就是一個例子。

圖 3-11　利用 Facebook 欺騙好友的手機號碼並取得簡訊

在 iOS 或是 Android 手機中，有許多免費的應用程式，在安裝時常見到應用程式要求通訊錄的存取權限，即使這個應用程式根本不需要使用到通訊錄。作者曾經想要安裝一個手機上的「手電筒」應用程式，這個應用程式需要同意它使用網路通訊與通訊錄權限，就它的功能來說，這真的是一種可疑的行為。許多使用者在安裝應用程式時，沒有仔細考慮權限問題，這將會讓攻擊者有可趁之機，取得使用者的通訊錄以進行網路釣魚。

5　中間人

中間人 (man-in-the-middle) 是藏在兩個連線之間的裝置或軟體，因為並不存在於使用者的電腦上，也不存在於伺服器中，所以防毒軟體等工具都派不上用場，使用者與伺服器都不會察覺到有個中間人，於是它就可以側錄、竄改、攔截資訊，如圖 3-12。防火牆的也可以看成是中間人，只是它是善意的角色，例如在學校的電腦教室上網，學校通常會使用防火牆等資訊安全裝置，但使用者與伺服器都不會知道原來中間有防火牆在運作。

圖 3-12　中間人隱藏在連線之間，不會讓使用者或伺服器察覺

使用者以為是這樣連線

使用者　　　中間人　　　伺服器

6 猜測密碼

最常用的身分驗證機制是帳號與密碼，在一般的環境下，密碼只有一組，猜中一次就取得了權限。

常用的攻擊方式有兩種，一種是**暴力法** (Brute-force)，就是嘗試所有可能的排列組合。

另一種是字典法，因為我們在記憶密碼時，若這個密碼是一個單字，就比較不容易忘記，像是 iloveyou、security、remember 之類的，這個特性被拿來利用，就是透過字典來嘗試有意義的文字組合，所需要嘗試的次數會遠小於暴力法。

身為中文使用者的一個好處在於，我們可以利用中文的輸入法來產生密碼，中文輸入法的按鍵要剛好是一個英文單字的機率很低，例如使用注音輸入法輸入「密碼」兩字的按鍵是 au4a83、「管理員」的按鍵是 ej03xu3m06，對英文來說幾乎是沒有意義的文字，再搭配其它數字、符號、大小寫，就可以組合出方便記憶的高強度密碼。

網路上有許多測試密碼強度的工具，依不同的公式，密碼強度並沒有一個標準，Intel® 提供了一個網站：https://www-ssl.intel.com/content/www/tw/zh/forms/passwordwin.html，可以測試密碼強度；Microsoft® 也提供了一個測試網站：https://www.microsoft.com/security/pc-security/password-checker.aspx。

在 Unix/Linux 環境中，我們可以利用 `lastb` 指令來觀看登入失敗的記錄，如圖 3-13，可以發現這些嘗試都是以 root 為攻擊目標，因為 root 是系統管理員的帳號，我們也可以看到，一分鐘就可以嘗試許多次。

7 社交工程

社交工程 (Social Engineering) 是最難以防範的攻擊手法之一，它的原理是利用人性於社群、朋友、同事之間交往的互信關係，而不單只是資訊技術，社交工程所攻擊的不只是存取權或資料，有時也可能是金錢或是其它利益，我們日常生活中所遇到的詐騙行為，當可以被視為社交工程的一種。典型的社交工程攻擊如圖 3-14，攻擊者無法穿透防火牆主動取得資訊，利用電子郵件誘使使用者開啟惡意檔案，像是木馬或間諜程式之類的，資料就會被這些惡意程式傳送出去，進到攻擊者手中。

圖 3-13 利用 lastb 查看登入失敗的記錄

```
root@linux:~                                                        _ □ X
[root@linux:~]# lastb -n 50
root     ssh:notty     1.93.26.70        Tue Jan 21 10:28 - 10:28  (00:00)
root     ssh:notty     1.93.26.70        Tue Jan 21 10:28 - 10:28  (00:00)
root     ssh:notty     1.93.26.70        Tue Jan 21 10:28 - 10:28  (00:00)
root     ssh:notty     1.93.26.70        Tue Jan 21 10:28 - 10:28  (00:00)
root     ssh:notty     1.93.26.70        Tue Jan 21 10:28 - 10:28  (00:00)
root     ssh:notty     1.93.26.70        Tue Jan 21 10:27 - 10:27  (00:00)
root     ssh:notty     1.93.24.90        Mon Jan 20 22:25 - 22:25  (00:00)
root     ssh:notty     1.93.24.90        Mon Jan 20 22:25 - 22:25  (00:00)
root     ssh:notty     1.93.24.90        Mon Jan 20 22:25 - 22:25  (00:00)
root     ssh:notty     1.93.24.90        Mon Jan 20 22:25 - 22:25  (00:00)
root     ssh:notty     1.93.24.90        Mon Jan 20 22:25 - 22:25  (00:00)
root     ssh:notty     1.93.24.90        Mon Jan 20 22:25 - 22:25  (00:00)
root     ssh:notty     1.93.24.90        Mon Jan 20 22:25 - 22:25  (00:00)
root     ssh:notty     1.93.24.90        Mon Jan 20 22:25 - 22:25  (00:00)
root     ssh:notty     1.93.24.90        Mon Jan 20 22:25 - 22:25  (00:00)
root     ssh:notty     1.93.24.90        Mon Jan 20 22:25 - 22:25  (00:00)
root     ssh:notty     1.93.24.90        Mon Jan 20 22:25 - 22:25  (00:00)
root     ssh:notty     1.93.24.90        Mon Jan 20 22:25 - 22:25  (00:00)
admin    ssh:notty     93.115.240.26     Mon Jan 20 08:29 - 08:29  (00:00)
admin    ssh:notty     93.115.240.26     Mon Jan 20 08:29 - 08:29  (00:00)
root     ssh:notty     120.104.34.1      Sat Jan 18 18:19 - 18:19  (00:00)
root     ssh:notty     113.210-193-52.u  Sat Jan 18 16:33 - 16:33  (00:00)
root     ssh:notty     1.93.29.132       Sat Jan 18 03:26 - 03:26  (00:00)
root     ssh:notty     1.93.29.132       Sat Jan 18 03:26 - 03:26  (00:00)
root     ssh:notty     1.93.29.132       Sat Jan 18 03:26 - 03:26  (00:00)
root     ssh:notty     1.93.29.132       Sat Jan 18 03:25 - 03:25  (00:00)
root     ssh:notty     1.93.29.132       Sat Jan 18 03:25 - 03:25  (00:00)
root     ssh:notty     1.93.29.132       Sat Jan 18 03:25 - 03:25  (00:00)
```

141

圖 3-14 典型的社交工程攻擊

2.合法郵件可通過防火牆

Internet

使用者

4.取得資訊

3.由木馬或間諜程式傳送機密資訊

1.透過網路傳送電子郵件

攻擊者

社交工程的攻擊管道很多，但重點都是偽裝身份，例如偽裝成親人。常見的詐騙電話中，攻擊方偽裝成受害者的兒女，被綁架或是被施虐，讓受害者因驚慌而疏乎於查證，甚至被威脅不得報警，讓受害人急於籌錢，於是遭到詐騙。

另外常見的是偽裝成長官或上司等具有較高職權的人，對於長官的意見，員工大多採取服從的態度，所以很容易受騙。

有一個真人演出的案例，犯罪者到一家商店，聲稱是總經理本人，店員因為沒見過總經理，加上犯罪者的態度相當自然，所以信以為真，以為是總經理來店查訪，於是遵從其吩付外出採買物品，回來之後店內即被洗劫一空。

也有案例是在電話中，來電者以氣極敗壞的口氣，聲稱自己是長官，不知為什麼無法登入主機，要系統管理人員先告訴他密碼，系統管理人員不敢驗證長官身份，就直接告訴歹徒密碼。

這一類偽裝成高階長官的歹徒常用的話術即是：「你連我是誰都不知道？」階級較低的員工在不敢得罪長官的情況下，就容易直接說出機密資訊，這必須由公司的制度來改善，必須讓負責機密的員工不需承受長官等人事壓力。

偽裝成朋友的例子也很多，從以前的詐騙電話，用「你還記得我是誰嗎？」開頭，假裝是多年不見的朋友，將話題帶到手頭不方便要借錢；到現代使用**即時通訊軟體** (Instant Message) 如 MSN、Skype、即時通、Facebook 訊息等，都是偽裝成使用者認識的朋友，降低使用者的戒心，要求使用者幫忙開啟一個檔案、告知資訊等等。

再來是偽裝成政府機關或無害的第三人，在台灣常見的詐騙案件中，其中一種就是假冒是法院寄發公文函件，基於使用者對這類機構的信任來取信於使用者。

有些攻擊者會製作一些小遊戲讓使用者安裝下載，遊戲過程中並不會有什麼異樣，就如同一般打發時間的小遊戲，但在遊戲進行一段時間之後，會以可以快速升級、可以取得虛擬寶物、可以取得貴賓資格、可以打開隱藏角色或關卡等方式，要求使用者登入不熟悉的網站或是購物，依此取得使用者的信用卡號碼或是帳號密碼等資料。

另一種是利用好奇心，例如有趣的影片、笑話、與時事相關的八卦消息等等，也有許多是與色情相關的惡意連結，誘發使用者的好奇心去點擊惡意網址連結或是開啟惡意檔案等。

另外還有國外常見的，富人過世留下龐大遺產的詐騙信件，讓使用者

以為是天上掉下大獎，進而與寄件人連繫，攻擊者在取得使用者的信任後，再進行詐騙，如圖 3-15 就是一個例子，信件中寄件人聲稱她是銀行會計部門的經理之類，有個客戶在印尼海嘯中過世，遺留下一千九百五十萬美元的遺產，沒有人知道有這筆錢而且沒有家族來認領，想要與你分帳，貪心的人就容易上當。

 圖 3-15 　詐騙的郵件

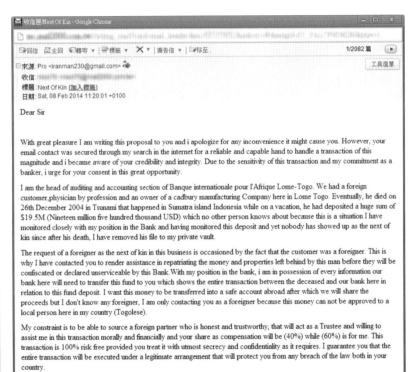

依據「政府機關（構）資訊安全責任等級分級作業施行計畫」的規定，將政府機關分為 A、B、C、D 四種等級來進行安全防護，如表 3-1。

表 3-1 政府機關（構）資訊安全責任等級分級

作業名稱 / 等級	防護縱深	ISMS 推動作業	稽核方式	資安教育訓練（一般主管、資訊人員、資安人員、一般使用者）	專業證照	檢測機關網站安全弱點
A 級	NSOC直接防護／SOC自建或委外、IDS、防火牆、防毒、郵件過濾裝置	通過第三者驗証	每年至少2次內稽	每年至少(3、6、18、3小時)	維持至少2張資安專業證照	每年2次
B 級	SOC(選項)、IDS、防火牆、防毒、郵件過濾裝置	通過第三者驗証	每年至少1次內稽	每年至少(3、6、16、3小時)	維持至少1張資安專業證照	每年1次
C 級	防火牆、防毒、郵件過濾裝置	自行成立推動小組規劃作業	自我檢視	每年至少(2、6、12、3小時)	資安專業訓練	每年1次
D 級	防火牆、防毒、郵件過濾裝置	推動ISMS觀念宣導	自我檢視	每年至少(1、4、8、2小時)	資安專業訓練	每年1次

以學術網路來看，因為教育部、台灣大學醫學院附設醫院、成功大學醫學院附設醫院屬於 A 級，而**臺灣學術網路 (TANet)** 區網中心及縣（市）教育網路中心、各公私立大學是 B 級，教育部安排了「防範惡意電子郵件社交工程演練計畫」，會在每年六月到十月之間，由教育部電算中心假裝是公務、個人或公司行號等名義發送帶有惡意內容的郵件給演練對象，主題包括了政治、公務、健康養生、旅遊等類型，郵件內容包含連結網址或是 MS Word 格式的附加檔案，當演練對象開啟郵件、點閱信件中的連結或開啟附加檔案時，就會留下紀錄。郵件開啟率、連結點擊率與附加檔案點擊率都會列入評量標準。

這種演練就是為了讓資安人員對電子郵件等社交工程手法隨時提高警覺。

如果我們對網路資料的傳送做到最嚴格的保護，而且每個可存取機密資訊的人都沒有被電子郵件或是網站所欺騙，是否就可阻擋社交工程的攻擊？

有一種攻擊手法稱為 Shoulder Surfing，就是在別人輸入機密資訊，例如輸入密碼或是是認證碼時，在他的背後偷看，很原始但很直接。

另外還有自垃圾桶內尋找相關資料的方法，在軍方等機密單位，所有的文件資料都需要經過「水銷」，也就是打成紙漿，那是一種完全無法復原的方式。若一間公司沒有對文件進行控管，可能會將文件隨意丟棄，而其中可能就包含了具有價值的資料，舉例來說，可能會有帳號與密碼的資訊。

而 Shoulder Surfing 與垃圾筒尋寶，都是員工平時應該要去注意的行為，若沒注意到，就會在不知不覺之間把機密資訊洩露出去了。

8　零時差攻擊

零時差攻擊 (Zero-day Attack) 可以說是最有效，也是最沒有效的攻擊了，這句話聽起來很矛盾，那是因為零時差攻擊是指「攻擊最新公開的漏洞」，為什麼有效？因為這個漏洞是最新公告的，表示修補程式可能尚未提供，每個具備這個漏洞的系統都暴露在安全性風險之外，攻擊者不必自己千辛萬苦的去尋找漏洞，就知道了這個保證存在的安全性問題，以此為攻擊目標，當然是非常有效果；但此同時，因為這個漏洞已被公開，系統管理員即可以在第一時間安裝修補程式，若修補程式尚未完成，也可以在知道存有此風險後，即關閉相關服務，或是進行其它方式來修補問題，若有人以此目標來攻擊，當然不會成功。

公開安全性漏洞是一個雙面刃，部份人士會認為不應該公開這類資訊，然而，若是一個安全性問題確然存在，表示遲早會被人知悉，若是知道的人是具有惡意的，則系統管理員在不知情的情況下，這個安全漏洞被成功入侵、破壞的機率很高。

因此，系統管理員的一個重要工作就是要知道最新的安全性漏洞有哪一些，在知道的當下，就要了解應該如何解決問題或是避免攻擊，如圖 3-16。

目前全球廣泛使用的資安弱點發佈系統是 CVE (Common Vulnerabilities & Exposures)，這個系統是由 MITRE 來維護 (http://cve.mitre.org/)，CVE 為已知的安全漏洞或弱點定義出一個名稱，當大家都公認使用這個名稱時，不同的資訊安全軟體就可以為一個漏洞或弱點達到一致性，不會有這個軟體為它取一個名字，而另一個軟體為同一個問題取另一個名字的情形出現。

MITRE 是由美國國土安全局 (United States Department of Homeland Security) 的國家網路安全司 (National Cyber Security Division) 來贊助的，訂定 CVE 編號的單位稱為 CVE Numbering Authority，MITRE 本身即為主要的 CVE Numbering Authority，另外像是微軟、甲骨文等公司也可以為他們自己的產品訂定 CVE 號碼，所以也是一種 CVE Numbering Authority，

小博士解說

軟體公司也會有自己的資安公告，例如微軟就建置了「資訊安全 Tech Center」，網址是 https://technet.microsoft.com/security/bulletin/。因為微軟所出版的軟體在市面上普及率較高，許多公司的環境甚至都是以微軟的產品所建立，因此可以直接從這裡取得最新的資安公告與修補程式。

台灣電腦網路危機處理暨協調中心 (http://www.cert.org.tw/prog/news.php) 也是一個提供許多資訊訊息的地方，可以注意到它的網址是 CERT，CERT 是 Computer Emergency Response Team 的意思，成立的目的在處理電腦危機。各國都有相對應的 CERT 組織，以處理各自國家的電腦安全問題，各國的 CERT 列表可以在 http://www.cert.org.tw/prog/cert.php 取得。因為網路無國界，這些 CERT 組織會互通訊息，以阻絕各種安全問題出現在世界的任何一個角落。

而開放原始碼的專案則由 Red Hat 公司協助提供 CVE 編號，但最終官方正式版仍是以 MITRE 的記錄為準。

並不是每一種軟體或服務的漏洞都可以申請到 CVE 編號，因為這套系統的目的並不是去記錄這個世界上所有的漏洞，公開販售的軟體具有一定的普及性，所以資訊安全上的影響當然比客製化的特定軟體要來得高，因此只有這一類的軟體需要申請 CVE 編號以公告大眾。

圖 3-16　零時差攻擊

攻擊者　發現漏洞　CVE　發現漏洞　防護者

第一時間攻擊這個漏洞　第一時間防堵這個漏洞

小博士解說

　　會關注 CVE 資安通報的人並不只是系統管理員，具有惡意的駭客們也是。一個駭客不可能會知道所有的安全性風險或是系統漏洞，所以駭客會時常檢查 CVE 的公告，以了解目前最新的安全性風險為何，並以此做為攻擊手段，另一個目的則是了解某些駭客們已知的漏洞是否已被公告，就可以估計這個漏洞失效的時間大約是多久。許多系統管理員雖然會定期執行系統更新，但有時仍會落後一步。一個盡責的系統管理員應該經常確認公司所使用的軟體或系統是否具有已知的安全性風險，並在第一時間安裝更新或補丁，以避免遭到零時差攻擊。

Unit **3-3**
針對 TCP/IP 的攻擊

TCP/IP 的歷史悠久，運作穩定，是目前最通用的協定，因此，以 TCP/IP 協定來做為攻擊目標，也是很合邏輯的。協定是由委員會定義出來的，雖然委員會的成員來自世界各地，是具有充足專業知識的專家，但是任何協定或多或少都會存在漏洞，針對 TCP/IP 的攻擊大多是在主機層與網路層。

1 Wireshark 封包捕捉器

要攻擊，首先是要收集相關資訊，資訊的來源最直接的就是封包。我們在進行網路連線時，封包並不是主機之間一對一的傳送，傳送的過程是透過交換器、路由器一步一步到達對方主機，而對方主機則是在收到封包之後才知道這個封包是傳給它的。也就是說，正常的狀況下，一部主機只會處理以自己為目的地的封包，而忽略掉別的目的地的封包。

但我們可以將網路卡設定為 Promiscuous Mode，亦稱為雜亂模式或混亂模式，此時主機將會處理所有收到的封包，只要是在同一個路由或是同一個網路區段內，都可以將封包收下來，在電腦教室等多人使用的環境下，可以想像收到的封包有多麼精彩。

捕捉封包的動作稱為 packet scan 或是 packet sniff，進行此動作的裝置或軟體就稱為 packet scanner 或是 packet sniffer。動作的原理是安裝一個網路的中介，所有網路封包的進出都會先透過封包捕捉器，再進行傳送或接收，就像是一個竊聽器一樣，當然，運作中的封包捕捉器多少會影響網路的速度，但是基本上都不會對使用者造成太大的影響。市面上有許多封包捕捉軟體，通常是給網路管理員使用以了解網路異常的成因，最有名的一套軟體當屬 Wireshark，這是一個功能相當完整的封包捕捉器，而且在網站上可以下載原始程式碼進行研究，非常值得推薦，我們在這裡即以 Wireshark 來示範如何進行封包的捕捉。

首先到 http://www.wireshark.org 下載軟體，如圖 3-17。

圖 3-17 Wireshark 的官方下載網頁，提供多種版本

　　安裝後，可以直接開啟程式，Wireshark 的介面略為複雜，因為功能實在太多了，我們先來看看最簡單的應用，在如圖 3-18 的主畫面中間左邊的地方，可以選擇要使用哪一個連線，有些系統安裝了多張網路卡，此時就有很多連線可以選擇，在我們示範的機器上只有一個「區域連線」，所以我們先選擇這個連線，再按下「Start」。

圖解網路安全

圖 3-18　Wireshark 的介面

可以發現 Wireshark 的介面相當簡單明瞭，因為它只專注於一個功能，就是封包捕捉與擷取。最基本的動作順序有：

1. 選擇要處理的網路連線。

2. 選擇要過濾 (Filter) 出來的封包樣式。

3. 擷取並分析。

Wireshark 支援數百種的通訊協定，一般網路環境下會使用到的封包都能夠被 Wireshark 辨識，詳細的列表可以到 https://www.wireshark.org/docs/dfref/ 查詢。

當我們按下「Start」後，Wireshark 視窗會切換到監看的畫面，如圖 3-19，若使用者目前已有進行中的連線，例如瀏覽網頁、觀看網路多媒體或是上傳、下載檔看，就會看到畫面中一個一個的封包都被捕捉並顯示出來。因為封包的數量非常龐大繁雜，所以必要的過濾動作是不可避免的。

圖 3-19　Wireshark 的封包監看畫面

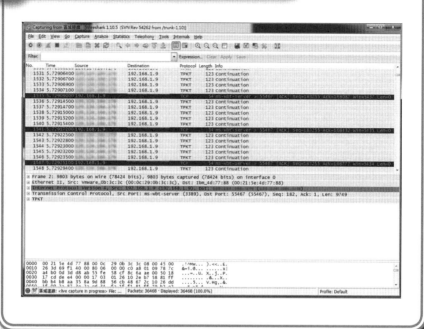

現在我們來看看封包監看可以看到哪些東西。

之前提過的 FTP 是以明碼傳送帳號密碼，我們使用 Windows 7 的命令提示字元，輸入 ftp ftp.nsysu.edu.tw 來進行 FTP 連線，目標主機是國立中山大學的主機 ftp.nsysu.edu.tw，連線進入後會出現輸入「使用者」的提示，則可輸入 test，密碼輸入 123456，如圖 3-20。

仔細一點就會發現我們所使用的帳號 test 與密碼 123456 是無法登入的，這是因為 ftp.nsysu.edu.tw 並沒有 test 這個帳號。我們並不是要示範如何入侵一部伺服器，而是要示範 FTP 的明碼傳輸方式，會給有心人士有機會竊取到使用者的合法帳號密碼。

圖 3-20　用 ftp 連線到 ftp.nsysu.edu.tw

視窗切換到 Wireshark，在上方的 Filter 文字框中輸入「ftp」，表示我們要過濾封包，只要顯示 ftp 協定的封包即可，如圖 3-21，這時我們在上方即可看到剛才輸入的資訊，由 192.168.1.9 送到 140.117.11.7 (ftp.nsysu.edu.tw) 的 Request 與其 Response，而且我們在命令提示字元中所輸入的 test 與 123456，也都在 Wireshark 中一覽無遺，這就是為什麼不要使用明文傳輸的原因了，被人看的一清二楚，密碼都不像密碼了。

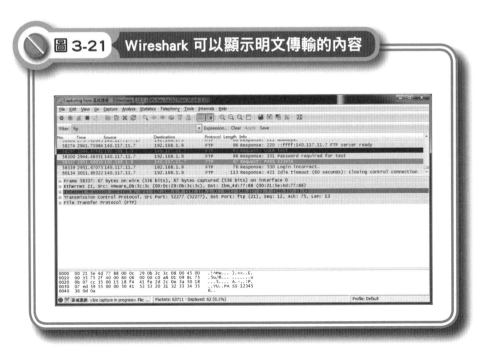

圖 3-21　Wireshark 可以顯示明文傳輸的內容

如果改成 SSH 呢？我們利用 ssh 登入一部主機，再於 Filter 中輸入 ssh，過濾出來的結果可以看到，封包的訊息都變成了 Encrypted request 與 Encrypted response，也就是要求與回應都是加密後的，看不到內容。

圖 3-22　使用 ssh 就會看到訊息已加密

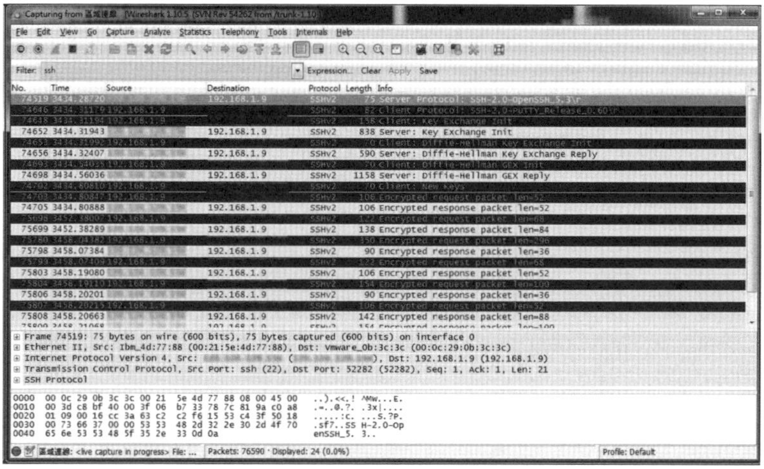

最後一個實驗，我們再看一次明碼傳輸的問題，這次我們用 telnet 連線到全國最大的 BBS 站 ptt.cc，並以 guest 登入，此時會看到 Wireshark 並沒有顯示 guest 這個文字內容，難道 telnet 可以避免被偷看封包內容嗎？我們看圖 3-23 中，編號 94575、94600、94621、94644 與 94667 的資訊，這 5 個連續由 192.168.1.9 送至 140.112.172.11 (ptt.cc) 的 Telnet Data，可以發現封包內容的結尾字元合起來就是 guest。

因為我們傳送出去的資料是一個一個的封包，可以發現這 5 個封包的開頭都是一樣的內容，只有最後的字元可以組合成「guest」，所以單純只看一個封包是沒有意義的，要將這些封包組合起來才能了解它們所代表的意義是什麼。當然，我們以 telnet 來傳送密碼時，透過封包的組合，也可以還原出密碼的內容，因此有心人士就可以竊取到使用者密碼了。

圖 **3-23**　從封包內容可以看到 telnet 輸入的文字

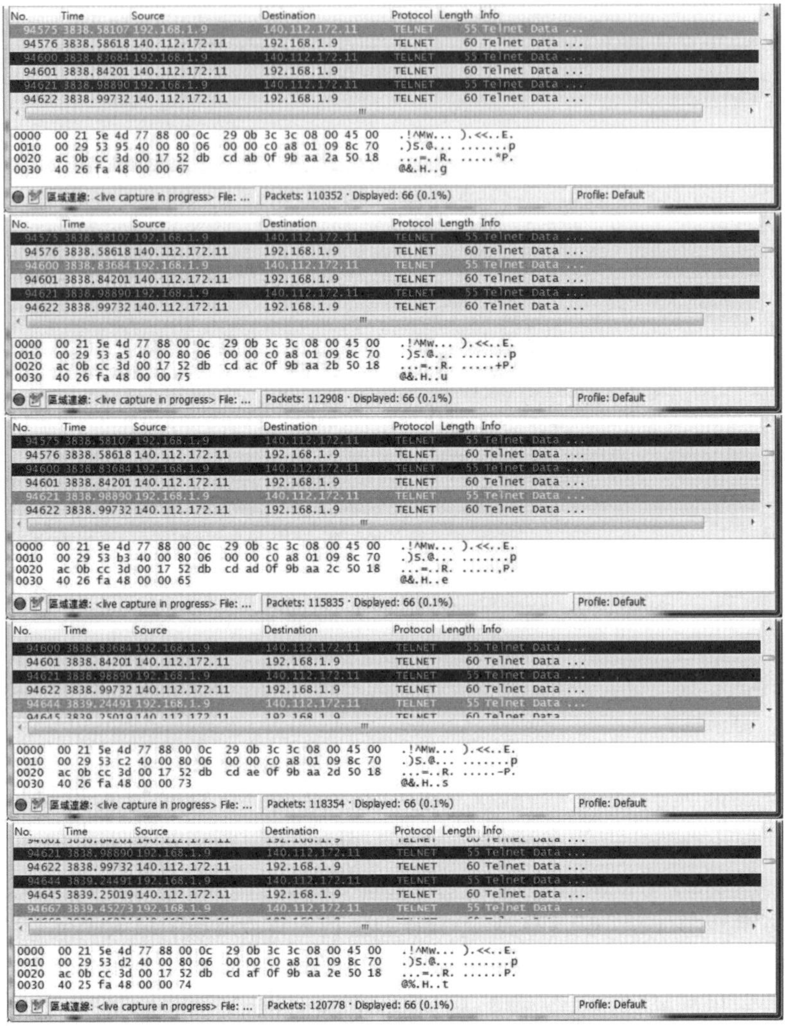

2 nmap 通訊埠掃描工具

　　另一種 scan 是掃描對方主機的連接埠。一個主機對外提供連線服務，必須先開啟相對應的連接埠，而我們可以透過軟體，掃描一部主機所開啟的所有連接埠有哪些。知道這些埠有什麼用呢？有些應用程式，或是間諜軟體，會開啟特定的埠，若是我們已經知道某個應用程式是具有漏洞的，又剛好發現攻擊目標有安裝這個應用程式，並且已經將這個埠開啟，那我們就可以利用這個應用程式來進行攻擊。常見的掃描工具是 nmap (http://nmap.org)，我們在 Linux 環境中示範 nmap 工具，nmap 的參數繁多，常用的參數與意義如表 3-2。

表 3-2   nmap 參數

基本語法	nmap [Scan Type(s)] [Options] {target specification}	
TARGET SPECIFICATION 指定目標主機	指定目標，可以是主機名稱、IP 位址或是網域，例如：scanme.nmap.org、microsoft.com/24、192.168.0.1、10.0.0-255.1-254	
	`-iL <file>`	從檔案 file 中讀取目標
	`-iR <n>`	在目標主機中隨機選 n 個目標來掃描
	`--exclude <h1[,h2],...>`	排除某些指定的目標
	`--excludefile <file>`	用 file 這個檔案的內容來決定排除的目標

表 3-2　nmap 參數（續）

基本語法	nmap [Scan Type(s)] [Options] {target specification}	
HOST DISCOVERY 發現目標主機	-sL	把目標列出而不真的去掃描，擔心目標指定錯誤時，可以先用這個參數看一下有沒有問題
	-sn	只去 ping 目標，而不是掃描埠
	-Pn	假設所有的目標都在線上
HOST DISCOVERY 發現目標主機	-PS/PA/PU/ PY[portlist]	搭配一個連接埠的清單指定發現方法 PS：用 TCP SYN PA：用 TCP ACK PU：用 UDP PY：用 SCTP
	-PR	使用 ARP Ping
SCAN TECHNIQUES 掃描技術	-sS/sT/sA	選擇掃描的方法 sS：發送 TCP SYN sT：用 Connect()系統函數 sA：發送 TCP ACK
	-sU	掃描目標提供哪些UDP服務
	-sN/sF/sX	sN：空 (Null) 掃描 sF：FIN 掃描 sX：聖誕樹 (X'mas Tree) 掃描
	--scanflags <flags>	自訂要使用哪些 TCP 掃描旗標

表 3-2　nmap 參數 (續)

基本語法	nmap [Scan Type(s)] [Options] {target specification}	
PORT SPECIFICATION AND SCAN ORDER 指定埠與其順序	-p <port ranges>	可以用 -p22 或是 -p1-65535 的方式指定要掃描的埠號，第一個是只掃描 22 埠，第二個是掃描 1 到 65535 埠
	-r	掃描埠的順序是由小而大而非隨機
	--top-ports <n>	掃描 n 個最常用的埠
SERVICE/ VERSION DETECTION 服務與版本偵測	-sV	判斷服務與版本
	-sR	用 RPC 掃描的方式去判斷哪個服務在使用這個埠
OS DETECTION 作業系統偵測	-O	同時掃描作業系統為何
FIREWALL/IDS EVASION AND SPOOFING 防火牆相關	-f <val> --mtu <val>	指定 MTU 的大小
	-e <iface>	指定用 iface 這個網路介面
	--ip-options <options>	在封包中加入指定的 ip 選項
	--ttl <val>	指定 TTL 的大小

表 3-2　nmap 參數 (續)

基本語法	nmap [Scan Type(s)] [Options] {target specification}	
OUTPUT 輸出	-oN/-oX/-oG <file>	指定輸出格式，有指定 file 就會存檔 oN：一般格式 oX：XML 格式 oG：Grepable 格式
	--open	只顯示有開啓的埠
	--packet-trace	把傳送/接收的封包都顯示出來
MISC 雜項	-6	啓用 IPv6
	-A	同時啓用作業系統掃描、版本掃描、script 式掃描與 traceroute
	-V	印出 nmap 的版本

 小博士解說

　　任意掃描他人機密的 port 會被認為是攻擊的前兆，在資安策略較為嚴謹的地方，發動掃描的機器將會被鎖定。

　　筆者曾遇過學生在電腦教室對外部主機進行掃描，導致學校管理中心封鎖該電腦教室 IP 的狀況，因此，為了避免不必要的困擾，請使用私人網路進行實驗。

我們來做一些實驗，需要注意的是，任意掃描他人主機的連接埠會被視為攻擊，若被檢舉，可能會有很多後續的困擾，所以在實驗時，請選擇合法的對象。我們做的實驗如圖 3-24。用 **-sn** 表示我們只用 ping 去偵測主機是否可以正常回應，可以看到 192.168.1.1 是**開機狀態** (Host is up)，192.168.1.2 到 192.168.1.8 都是沒有回應的。

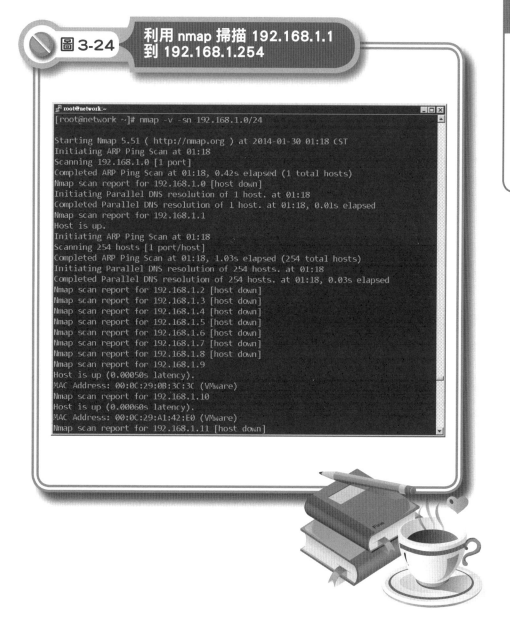

圖 3-24　利用 nmap 掃描 192.168.1.1 到 192.168.1.254

再來看掃描埠的結果，我們以 192.168.1.9 做實驗，結果如圖 3-25，可以發現 3389、5357 埠都是開啟的，3389 埠是由 microsoft-rdp 服務在管理，也就是遠端桌面連線，5357 則是 Windows 7 作業系統的 SSDP 在使用，nmap 也偵測出 192.168.1.9 可能的作業系統清單。

圖3-25　掃瞄 192.168.1.9 的埠

要針對 TCP 攻擊，當然就是要針對它的運作方式。回想 TCP/IP 的三方交握，主動連線的一方，也就是客戶端，先送出 SYN 封包，伺服器再回送 ACK 封包，客戶端才再送出 ACK 封包。

如果客戶端大量的接收與傳送 ACK 封包，伺服器就會建立連線卻無法建立真正傳輸資料的連線，就會如 DDoS 一節中所提到的，伺服器的資源會被耗盡而失去功能。

TCP 的封包在傳送時，封包並不是只有一個而已，而是有一大堆，封包在傳送時可能因為各種不同的原因而亂掉它們原本的順序，為了避免封包順序的錯亂，這些封包內部都會帶有一組序號，客戶端與伺服器會依照序號來排序封包。

　　如果此時有個攻擊者，猜到了序號，就可以產生假的封包，而伺服器不明究理，就會把攻擊者所傳送的資料當成原來資料的一部份，於是正常的連線受到了錯誤封包的影響，攻擊者就能進一步取得原來使用者在這個連線中的存取權。

　　這種利用序號來產生的攻擊，稱為 TCP Sequence Number Attack。

習　題

1. 解釋「資產」、「脆弱性」、「威脅」、「風險」與「衝擊」。

2. 解釋何為 CIA 三原則。

3. 使用 Wireshark 分析 HTTP 封包。

4. 以你的電腦來做為實驗對象，使用 nmap 工具來分析是否有特殊的通訊埠已被開啟。

5. 到 CVE 網站尋找最新的安全性漏洞並檢測你的電腦是否也具備這個漏洞。

6. 假裝你是詐騙集團，利用下列句子以 Facebook 等社群網站測試你的朋友是否不熟悉社交工程攻擊：「我的手機被偷了，我有申請手機防竊，但是要有簡訊證明我是手機擁有者，你可以幫我收簡訊嗎？我沒有背你的手機號碼，能不能先給我你的號碼？」

7. 若具有連線至公開網路的 Linux 主機，使用 lastb 來檢測有無其它人嘗試以管理員的身分登入，記錄這些攻擊者的 IP 並以教育部的 whois 網站 (http://whois.tanet.edu.tw/) 來分析攻擊者來源。

筆　記　欄

_____

_____

_____

_____

_____

_____

_____

_____

第 **4** 章

存取控制

章節體系架構 ▼

識別、驗證、授權與稽核

　　存取控制 (Access Control) 是去控制一個使用者應該具備什麼樣的存取權，當然，也包含了控制哪些人不是合法使用者，不該具有存取權。

　　首先我們對名詞做一些定義與解釋，通常大門警衛可透過身分證或是有效證件來確認一個人是否就是他所宣稱的本人，這種動作稱為**識別** (Identification)。

　　驗證 (Authentication) 與識別很接近卻不盡相同，驗證可以看成「檢驗證件」，就是只看證件即可放行。但若是沒有警衛把關，只憑藉著密碼就通過大門，這個動作也是驗證，但細究起來，用這個密碼的人真的就是當初拿到密碼的人嗎？

　　就「識別」來看，務必是本人才行；就「驗證」而言，關注的重點則在於所證明的資訊是否正確，至於是不是本人就不在考慮範圍內了。

　　在網路上，想知道進行連線的對方是誰，以目前的技術而言，不可能普遍地進行識別，所以驗證是最常見的做法。當驗證通過，系統會依據設定好的存取權限，給予使用者正確的**授權** (Authorization)，例如可以關閉機器或使用特定軟體等等。

　　安全性憑證對於身分驗證是最有效的方法之一，而這也是它主要的用途。

　　當驗證的關卡不只一種，就可以稱為**多因素驗證** (Multifactor Authentication)，反之則是**單因素驗證** (Single Factor Authentication)。常見的帳號與密碼組合，是單因素；若是再加上自然人憑證等智慧卡機制，就是多因素驗證。多因素驗證看起來很安全，實際上也比單因素安全，不普及的原因是因為單因素驗證對使用者來說較為方便。

　　我們透過電腦、智慧型手機、平板電腦等裝置，用同一組帳號密碼即可存取 Google 帳戶，若是每個裝置都需要自然人憑證，表示我們必須隨身攜帶這張卡片，而且卡片不是可以記在頭腦中的，是有可能會遺失的，當卡片遺失時，突然所有的機器都說使用者身分不正確，不允許登入，這種情境對使用者而言會是一種很大的困擾。

　　實作多因素驗證是未來的一種主流，除了帳號密碼與智慧卡的搭配之外，考慮以生物識別來做為一種因素，會是比較好的做法，例如視網膜辨識、聲紋辨識或是目前越來越多筆記型電腦與智慧型手機支援的指紋辨識

等技術，可以在增加安全性的同時，避免使用者遺失卡片或鑰匙等裝置所
造成的困擾。

　　稽核 (Auditing) 是指依已制定的標準，來執行檢測查核的程序。檢測
查核的目標是什麼呢？識別、驗證與授權都是，稽核人員必須依照規章去
查核識別機制的運作是否有按著既定規則來走，必須去查核驗證的流程是
否有瑕疵，在實作上有無遺漏某些必要的功能。所以我們可以發現，以使
用者的角色來看，最重要的目的在於取得授權；而就機密資訊的保管單位
來說，首先要確認識別與驗證的工具、方法是否正確。當流程確認之後，
就要對識別、驗證、授權進行日常稽核，以免被不肖使用者盜取授權，見
圖 4-1。

　　許多企業都設置了資訊安全部門，而這個部門的工作就是對於全公司
的資訊進行資安稽核。當稽核的標準太過嚴苛，會造成員工的困擾；若是
標準太過寬鬆，則容易產生資安漏洞，尤其是內部員工所導致的資安漏洞。
因此除了信任每位員工都擁有正確的資安意識，剩下的就是依靠資安部門
的認真稽核了。

圖 4-1　存取控制流程圖

Unit 4-2
通 道

前一個章節提到了識別、驗證、授權與稽核的方法，它們既可以用於單機的狀況，也可以用於遠端。然而在進行遠端連線時，傳輸資料的管道有可能是更大的問題。

有一種解決的方案，稱為**通道** (tunneling)，在兩部主機連線時，想像這個連線是走一條特殊設計的通道，當然，實際上資料仍是在公開的網路上傳遞。

點對點通道協定

首先來看**點對點通道協定** (Point-to-Point Tunneling Protocol，PPTP)，兩部主機之間使用未加密的**點對點協定** (Point-to-Point Protocol，PPP) 來起始一個連線。當連線完成後，這個連線之間的封包都是經過加密的，兩部主機會對這些封包解密，以得到正確的封包內容。

第二層通道協定

第二層通道協定 (Layer 2 Tunneling Protocol，L2TP) 是由 PPTP 與 L2F (Layer 2 Forwarding，L2F) 所組成的，L2F 本來是用在建立撥接連線上的通道，可以做身分驗證，但不能做加密。L2TP 主要還是以 PPTP 為主體，可以用來溝通多種不同系統，例如 IPX、SNA 等等。

然而 L2TP 本身還是沒有加密的功能，可以透過 IPSec 協定來增加安全性，當使用 IPSec 時，就稱為 L2TP/IPSec。

主機安全殼層

主機安全殼層 (Secure Shell Host，SSH) 運作在應用層和傳輸層，使用加密的方式建立通道連線，現在也漸漸取代了 telnet 與 ftp 等明文傳輸通訊，目的是為電腦上的 Shell 提供安全的傳輸管道，這也是為什麼名字裡有個 Shell 的原因。

在使用 SSH 連線時，主機會將它的公用金鑰傳回給客戶端，客戶端在存取時會使用這個公開金鑰來將資料加密，而主機再使用它的私有金鑰來進行解密。

SSH 同時也可以對資料進行壓縮,減少傳輸資料所需要的時間。

虛擬私有網路

　　虛擬私有網路 (Virtual Private Networks,VPN) 可以在公開的網路中建立一種看似私有的連線網路,遠端的主機在 VPN 連線的環境中,就像是在 LAN 一般,但實際上它還是透過公開網路,所以稱為虛擬。想像一個情境,在辦公室中有一個區域網路的環境,使用 192.168.1.0/24 的 IP,很明顯的,不在這個區域網路的電腦是無法存取辦公室主機們的資源,因為 IP 是私有 IP,想要從外面連線進去也沒辦法。

　　那麼,當我們人在外面的咖啡館,想要存取辦公室的資源時,該怎麼做呢?我們可以建立一部 VPN 伺服器,然後在客戶端安裝一個 VPN 連線,在連線成功後,對這個辦公室的主機來說,我們在咖啡館所使用的電腦,就像是辦公室內區域網路的一部份。

　　現今的 VPN 軟硬體大多已支援 L2TP、PPTP 或是 IPSec 等技術,來保障連線過程的資料是安全的,如圖 4-2。

圖 4-2　VPN 技術圖示

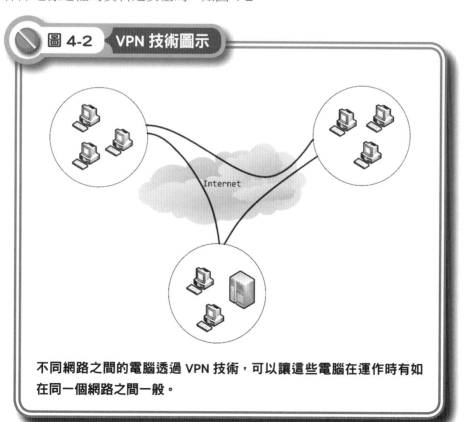

Internet

不同網路之間的電腦透過 VPN 技術,可以讓這些電腦在運作時有如在同一個網路之間一般。

Unit 4-3
驗　證

　　驗證的目的在於確認使用者是否具有正確的存取權限，只要通過驗證，我們就認為這是一個正確的使用者，可以將對應的存取權限授權給他。很明顯地，驗證的重點就在於能不能避免被惡意使用者以假證件、假資訊矇混過關。

1 遠端驗證撥入使用者服務

　　遠端驗證撥入使用者服務 (Remote Authentication Dial-In User Service , RADIUS) 原本是用於撥接的環境，使用者利用撥接連線至 ISP 後，ISP 的撥接主機再透過一部 RADIUS 的伺服器來進行驗證，現在 RADIUS 可以用在如 VPN、有線或無線的環境下。

　　RADIUS 是同時具備**驗證** (authentication)、**授權** (authorization) 及**究責** (accounting) 的協定，簡稱 AAA。究責是指它可以去追蹤、記錄使用者使用資源的狀況，也可依此來做為計費使用的基準，所以收費服務可以透過 RADIUS 來完成。

　　RADIUS 符合 IETF 標準，再加上它支援多樣化連線環境，是目前最被廣泛接受的 AAA 驗證方案之一。RADIUS 在使用時，客戶端是 ISP 提供的撥接主機，而不是使用者自己是 RADIUS 的客戶端，因為提出 RADIUS 驗證與 Accounting 要求的是撥接主機，RADIUS 的流程如圖 4-3。

2 TACACS/TACACS+/XTACACS

　　TACACS 是 Terminal Access Controller Access-Control System 的縮寫，稱為**終端存取控制系統**，跟 RADIUS 一樣是用於網路驗證，運作的方式也類似，後來的版本稱為 Extended TACACS，簡寫為 XTACACS，整合了驗證、授權與記錄的功能。

　　新版的 TACACS 則是稱為 TACACS+，但是 TACACS 與 TACACS+ 卻是不相容的。TACACS+ 可以為防火牆、路由器等網路設備通過伺服器提供存取控制，防火牆或路由器跟使用者要求驗證資訊後，再將這些資訊傳送到 TACACS+ 伺服器，TACACS+ 伺服器可以在本身建立帳戶資料庫，也可以透過後端的 AD 伺服器或 LDAP 伺服器來負責驗證，如圖 4-4。

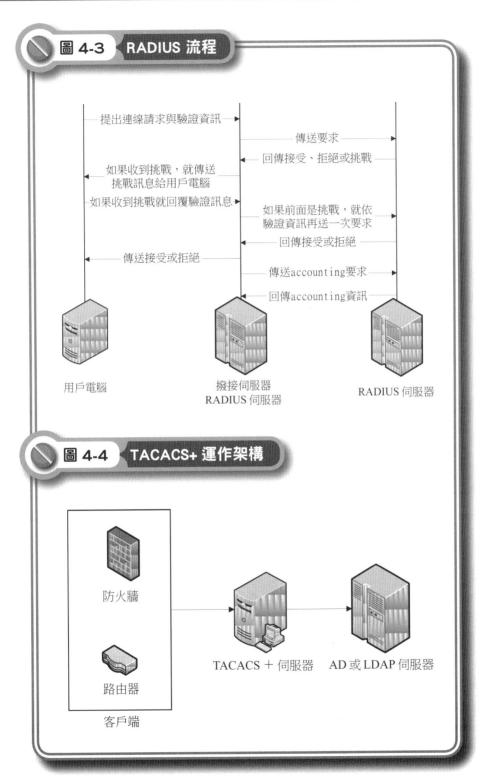

圖 4-3　RADIUS 流程

提出連線請求與驗證資訊

傳送要求

回傳接受、拒絕或挑戰

如果收到挑戰,就傳送
挑戰訊息給用戶電腦

如果收到挑戰就回覆驗證訊息

如果前面是挑戰,就依
驗證資訊再送一次要求

回傳接受或拒絕

傳送接受或拒絕

傳送accounting要求

回傳accounting資訊

用戶電腦

撥接伺服器
RADIUS 伺服器

RADIUS 伺服器

圖 4-4　TACACS+ 運作架構

防火牆

路由器

客戶端

TACACS + 伺服器　　AD 或 LDAP 伺服器

TACACS+ 與 RADIUS 一樣是 AAA 協定，提供了獨立的認證、授權和究責服務，並使用 Kerberos 等方式來進行驗證，一個明顯的不同之處是 TACACS+ 使用 TCP，而 RADIUS 使用的是 UDP，因為 TCP 是連線導向的協定，可靠性比 UDP 要來得高，所以 TACACS+ 被認為是更好的選擇。

3 **目錄服務**

我們在前面介紹過 DNS，在此進一步分析。DNS 將網址與 IP 做一個對應，讓使用者可以利用網址來存取一個網站。

如果我們把網路上的每一個資源都存起來，建立目錄，然後這個資源的屬性也存起來並進行存取控制，那麼，我們只要存取這個目錄，就可以去找到對應的資源，而且只能存取被授權的資源，而提供這個目錄的服務，就是**目錄服務** (Directory Service) 了。

目錄服務可以簡單到只是網址與 IP 的對應，也可以複雜到包含服務、設備、應用程式等資訊的對應。

Active Directory (AD) 是微軟的 Windows Server 系統中所使用的目錄服務。AD 伺服器存有使用者與群組的資訊，每個使用者有一個獨一無二的 GUID 與 Security Identifier (SID)，利用 GUID 與 SID，就可以對使用者進行對應的存取控制，除了 SID，AD 還使用了 Kerberos 來做安全驗證。

AD 透過結構定義檔將組織中的物件，像是使用者、群組、電腦、網域控制站、設定檔樹系等等，儲存在 AD 資料檔中。

物件資源是以樹狀結構來組成，而這個樹狀結構會屬於一個網域，因為這些物件彼此應該是屬於同一家公司或同一個組織，所以以網域來包羅這些資源是很合理的。

AD 底下的基本物件包含了網域控制伺服器、電腦、帳戶與群組。對於比較複雜的組織，可以在網域中切分出子網域，來進行更細微的管理。在 AD 的樹狀結構中，不同階層可以定義不同的安全性原則，還有不同的使用者權限，利用安全性管理範本或是群組原則，可以達成不同的安全性管理方式。

Lightweight Directory Access Protocol (LDAP) 稱為**輕量目錄存取協定**，為什麼叫輕量？

原來有一個目錄服務的全球標準 ISO/IEC 9594，原來又稱為 X.500，這個標準鉅細靡遺的定義了目錄服務實作的細節，然而對於網際網路上的應用，X.500 太過於複雜，所以 IETF 定義了 LDAP 於 RFC4511，我們可

以把 LDAP 想像成簡化版的 X.500，AD 也在資源命名時，也採用了 LDAP 的方式。

LDAP 也是利用樹狀結構來組織資料，物件屬性的名字一般會取得很好記，常用的如 DC (Domain Component)、CN (Common Name)、OU (Organizational Unit Name)、O (Organization Name)、L (Locality Name)、ST (State or Province Name)、C (Country Name) 與 UID (Userid) 等。

LDAP 的每一個條目可描述一個組織結構，每個條目由一堆屬性組成，條目有它的專屬名稱 (Distinguished Name , DN)，例如「cn = Jung Yi Lin, ou = CSIE, dc = UCH, dc = edu, dc =tw」就是一個合法的 LDAP 條目，如圖 4-5。

LDAP 的運作方式是客戶端先透過 389 埠連線到 LDAP 伺服器，送出查詢要求，LDAP 伺服器回傳與這個查詢相關的資訊。客戶端可以送出的要求有這些：開啟一個連線、搜尋、比較、新增資料、刪除資料、修改資料、修改名稱、取消動作、結束連線等。

LDAP 的連線溝通可以用 TLS 加密，也可以是 SSL。

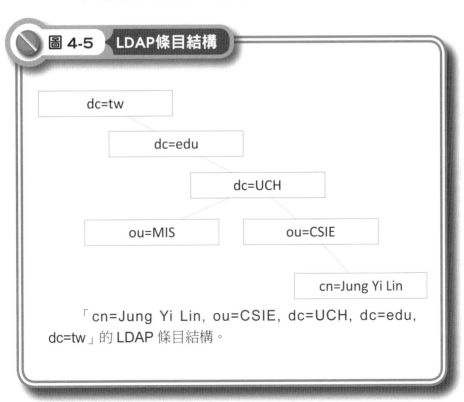

圖 4-5　LDAP條目結構

dc=tw

dc=edu

dc=UCH

ou=MIS　　　　ou=CSIE

cn=Jung Yi Lin

「cn=Jung Yi Lin, ou=CSIE, dc=UCH, dc=edu, dc=tw」的 LDAP 條目結構。

4　Kerberos

Kerberos 這個名字的來源是 Cerberos，係指神話中兇猛的守衛三頭犬。Kerberos 的 1 到 3 版都是由麻省理工學院開發設計，麻省理工學院為此成立了一個協會來推動 Kerberos 的發展，現在普及的版本是 V4 與 V5。

Kerberos 的運作主要概念是指一個實體在非安全網路環境下，藉由主從式架構的方式，向另一個實體以一種安全的方式證明自己的身分，在這種應用中，客戶端和伺服器都能驗證對方的身分，所以可用於保護免受竊聽和重複攻擊。

Kerberos 的驗證程序需要利用金鑰發佈中心，也就是一個可信賴的第三方，金鑰發佈中心先對客戶端進行驗證，成功後會提供一個證明票據，客戶端再以這個證明來對其它實體進行驗證，運作流程如圖 4-6。

在此架構中，用戶真正想得到的服務是來自於伺服器，AS 與 TGS 都是做為驗證來使用，AS 是 Authentication Server 的縮寫，認證伺服器的功能是管理所有使用者的密鑰，如果公司有新的員工，就必須在認證伺服器上為這個員工加入新的密鑰。當使用者登入時，使用者必須向認證伺服器取得「TGS 門票」。

TGS 是 Ticket Granting Server 的縮寫，在 Kerberos 中扮演相當重要的角色，它負責管理提供服務的伺服器，當有新的伺服器要提供服務時，TGS 應該要有這個伺服器與服務的相關資訊，並且在 TGS 與新伺服器之間建立一個密鑰，可以想像得到，TGS 會擁有所有伺服器的密鑰。

TGS 會在驗證成功後，發給使用者「服務門票」，這個門票才是可以跟伺服器取得服務資源的依據。

> 很明顯的，用戶為了得到一個服務，需要先與 AS 取得與 TGS 相關的金鑰與加密資訊，再由 TGS 解密並取得與伺服器溝通的密鑰與資訊，最後再用這個資訊去與伺服器溝通並取得服務，只要中間有一個環節出錯，就無法成功得到服務。

圖 4-6　Kerberos 運作機制

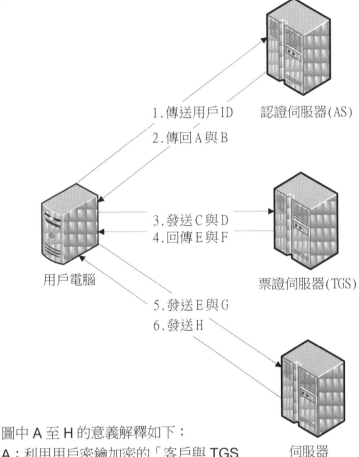

1. 傳送用戶ID　　認證伺服器(AS)
2. 傳回 A 與 B

3. 發送 C 與 D
4. 回傳 E 與 F

用戶電腦　　票證伺服器(TGS)

5. 發送 E 與 G
6. 發送 H

伺服器

圖中 A 至 H 的意義解釋如下：

A：利用用戶密鑰加密的「客戶與 TGS 會話密鑰」。

B：用 TGS 的密鑰加密的票據。

C：合併 B 與要求的服務

D：用「客戶與 TGS 會話密鑰」加密後的認證資訊。

E：用伺服器密鑰加密的「客戶與伺服器票據」。

F：用「客戶與 TGS 會話密鑰」去加密後的「客戶與伺服器會話密鑰」。

G：用「客戶與伺服器會話密鑰」加密後的認證資訊。

H：用「客戶與伺服器會話密鑰」加密後的時間戳記。

Kerberos 的運作流程較為複雜，雖然知道它的目的是什麼，但為了理解它的運作步驟，我們一一說明如下：

用戶先傳送自己的用戶 ID，這個步驟其實也傳送了用戶想要使用的服務代碼。

認證伺服器在確認用戶身分後，因為稍後用戶要與 TGS 溝通，AS 必須讓 TGS 知道這個用戶已經通過認證，所以 AS 要提出一個證明，這個證明就是票據，這個票據以用戶的密鑰加密，就是 (A)。

再來是用戶與 TGS 在溝通時，所建立的會談也需要一個金鑰來加密，所以 AS 會產生「客戶與 TGS 會話密鑰」，並將這個會話密鑰用 TGS 的密鑰加密，也就是 (B)。

用戶電腦在收到 (A) 與 (B) 後，就會將「客戶與 TGS 會話密鑰」解密，再來將自己的認證資訊、要求的服務項目 (C)、要使用的伺服器等資訊用會話密鑰加密 (D)，再與票據一併傳送給 TGS。

TGS 在收到這些資訊後，先檢查票據的時間有沒有問題，再以會話密鑰解密認證資訊，確認認證資訊無誤之後，就可以給用戶門票了。

門票是「客戶與伺服器票據」(E)，表示同意用戶使用該伺服器，這張門票當然也要加密，使用的金鑰是提供服務的那一部伺服器的密鑰。

用戶與伺服器要建立會談，這個會談也需要金鑰保護，

所以產生了「客戶與伺服器會話密鑰」(F)，這個會話密鑰是用「客戶與 TGS 會話密鑰」來加密保護，為什麼不使用同一把密鑰呢？

因為不能讓使用者知道伺服器的密鑰，而「客戶與 TGS 會話密鑰」是方才用戶與 TGS 溝通的時候建立的，用戶知道密鑰內容，才可以解密。

5 此時用戶已經有門票，也有會話密鑰，可以將剛才由 TGS 收到的 (E) 與認證資訊 (G) 傳送給伺服器，認證的資訊是以「客戶與伺服器會話密鑰」來加密，伺服器知道密鑰，所以可以解密。

6 伺服器收到資訊後可以確認是用戶本人，在提供服務之前，它會傳送加密後的時間戳記給用戶，目的是讓用戶知道提供服務的伺服器不是偽裝的，雙方都能信任彼此。

5 單一登入

在企業內部有許多不同的應用程式與系統，除了如電子郵件等必備的服務之外，為了因應不同的需求，有許多內部開發的系統，若這些系統都需要使用帳號密碼來登入，會導致使用者需要去記憶多組不同的帳號密碼，非常麻煩。

雖然這樣是比較安全的做法，但是為了減少使用者的困擾，目前許多系統都朝向**單一登入** (Single Sign-on) 的方式來實作。在達到簡便的前提下，要增加安全性，可以在單一登入的程序中使用多因素驗證。

使用 AD、LDAP 或 Kerberos 都可以達到單一登入的效果，Kerberos 會給予使用者一個 token 做為識別，而 AD 則是給使用者一個 GUID，其它的應用程式或系統只要能辨認這個 token 或 GUID，就會將使用者視為已成功驗證登入。

Unit 4-4
存取控制

存取控制是一種多方面的考量，太嚴格的控制原則，會導致系統在使用時礙手礙腳，太寬鬆就會有安全性上的疑慮，所以在堅守安全的前提下，不同的做法提供了不同的彈性。不同的企業、部門對於資產的機密性有不同的考量，越大的組織就越需要彈性，所以在因應不同原則的情況下，可以考慮使用不同的存取控制方法。

首先我們先介紹針對安全性的資訊模型，這些模型提供了一個很好的概念表達，可以讓人們容易了解存取控制的目的與角色。

以使用者的角度來看，資訊可以依其不同的機密特性來分等級，而每個使用者都應該會對應到一個以上的機密層級，存取控制的一個目的是將使用者的權限隔離開來，Noninterference Bell-Lapadula Model 可以用來描述這種情景，如圖 4-7。

一個使用者被賦予了一個特定層級的機密存取權之後，我們要去禁止他讀取更高度機密的資訊，這很合理，較常被忽略的是我們應該要禁止他將資料寫入低度機密的區域，因為若是允許，會製造出使用者不慎將機密公開的風險，例如，當一個員工可以讀取人事基本資料，在他讀取某人的檔案後，可能會不慎把這個檔案複製到可讓外部公開存取的低機密檔案區中，於是在無意間就讓該名員工的個人資訊外洩了。

另一個資訊模型 Biba model 則是站在另一個角度去考量，想像有一個員工，具有高度機密的存取權，此時他被允許可以讀寫低度機密資料，結果會不會發生一種情況，就是這個員工將低度機密的資料放入高度機密區？其實這是有可能的，雖然對資訊安全無害，但是增加了高度機密的資料量，增加了維護的成本，也破壞了高度機密資料的機密性，當資料包含不同等級的機密時，會讓維護人員開始疑惑是否目前顯示為「高度機密」的資料是一種誤用。

Biba model 可以用類似的圖形表示，如圖 4-8。

1　Mandatory Access Control (MAC)

MAC 是將資源的存取方法用明確的方式定義出來，該怎麼存取、能不能存取都一清二楚，沒有模糊的空間，也沒有什麼彈性可言。這種方法的好處就是具備了嚴格的安全性，而且資訊安全人員的工作相對單純簡單。

圖 4-7 Noninterference Bell-LaPadula Model

高度機密

不能讀取上層資訊
不能將資訊寫入下層

低度機密

圖 4-8 Biba Model

高度機密

不能將資訊寫入上層
不能讀取下層資訊

低度機密

　　上述這兩種模型的差異在於 Noninterference Bell-LaPadula Model 著眼於防止機密資訊外洩，而 Biba Model 則是著重在保護資料的機密性，這兩種模式可以依機密資訊的性質分開實施，例如一個財務部門的員工，針對財務部門的機密資訊時，對該員工採用 Biba Model，以避免他破壞資料的機密性；對業務部門的資訊則採用 Noninterference Bell-LaPadula Model，以避免他讀取到不該讀取的資料。

當系統發生安全性問題，很快就能從 MAC 的原則清單中找到問題發生在什麼地方。缺點就是沒有彈性，當機密性資產的種類眾多，人員也多的時候，必須鉅細靡遺的定義出每一種排列組合所需要的存取控制原則，否則就會出現沒有定義到的狀況，導致該具有存取權的人反而沒有存取權限。

② Discretionary Access Control (DAC)

DAC 的彈性就很大了，顧名思義，discretionary 是指斟酌情況做出決定，DAC 的環境是允許使用者決定資源的分享方式，讓使用者具有相當大的空間自主決定該如何保全機密性，但是當然也容易讓系統產生大量安全性漏洞。

UNIX 系統的檔案權限可以看成是一種 DAC，在 UNIX/LINUX 的檔案權限中，分為擁有者、群組與其它三種身分，各自有讀、寫、執行三種權限。

舉個例子，如圖 4-9，使用者 jylin 屬於群組 jylin，可以對檔案 a.out 設定權限為 rwx rwx r-x，意思就是對這個檔案的擁有者 jylin 來說，他可以讀 (r)、寫 (w)、與執行 (x) 這個檔案 a.out，jylin 群組中的所有人，不管有幾千個，也具有可讀可寫可執行的權限，而一個使用者不屬於 jylin 群組，也不是 jylin 本人，就被歸類於其它，具有可以讀取與執行 a.out 的權限。

檔案權限不必是系統管理員插手管理，由使用者 jylin 自行決定即可。

圖 4-9　LINUX 中的檔案權限

3 Role-based Access Contro (RoBAC)

在一個企業中，不同的部門、不同的職務負責了不同機密性的資訊，對於同一職務的人，他們所負責的機密資料應該是一致的，我們把這種職務、職責看成是一種角色，然後針對不同的角色設計安全性的存取控制。

RoBAC 所提供的彈性比 MAC 要來得大，因為這種環境是以角色為單位來設計，當一個人身兼兩種以上的角色，他的存取權限就會擴大，例如一份財務報表可以讓會計部門職員存取，一個工程師若是除了研發部門員工的角色，同時也具有會計部門員工角色，這位工程師就可以順利存取這一份財務報表。

RoBAC 所提供的彈性少於 DAC，因為角色的存取原則是由管理員決定，而非使用者自行定義，而且也不應該讓使用者自己決定自己所扮演的角色是哪些，否則就天下大亂了。

 小博士解說

目前我們比較常聽到的控制方式是 ACL，因為 ACL 非常有彈性，當我們以使用者的身分來設定 ACL 時，就像是使用 RoBAC 一樣，而當我們明確定義每一條存取規則時，ACL 的角色就會像是 MAC 一般。

每一種系統都可以套用 ACL 的觀念來實作出存取控制的功能，以網頁系統為例，一個常見的方法是將「功能」、「身分」與「操作」以資料庫的方式儲存。當使用者登入時，除了進行身分的驗證，還會將合適的 ACL 資料取出。當該位使用者打算使用系統的某個功能時，系統會先以 ACL 進行檢驗，再來決定是否放行。

ACL 並不是設計得越複雜越好，太多無意義的檢查行為只會降低系統效能，也可能帶給使用者不必要的困擾。應該要依據系統的目的與使用者的等級定義，來設計出一個合理有效率的 ACL 機制。

4　**Rule-based Access Control (RuBAC)**

RuBAC 是指將安全原則先以規則的方式定義好，然後不同的對象適用於不同的規則，對象可以用白名單或黑名單的方式表示。當一個對象出現在白名單，則我們接受這個對象的存取，反之就是拒絕。當一個對象同時出現在白名單與黑名單時，就要先定義清楚是哪一個名單優先。

在建立網路存取時，RuBAC 是很常見的一種做法，例如 Linux 環境中，可以使用 hosts.deny 與 hosts.allow 兩個檔案來建立拒絕或允許連線的主機列表。

Windows 作業系統內建的本機群組原則編輯器可以用來設定原則，分為電腦與使用者兩種類型來控管，可以限制使用者可以存取的資訊與功能，如圖 4-10。

5　**Access Control List (ACL)**

ACL 稱為存取控制清單，可以視為 RuBAC 的一種應用，在使用時，需要知道允許或拒絕的對象是誰，有時候也可以透過軟體來協助取得這些資訊。

ACL 通常會以拒絕連線為優先考量，為什麼要採用這種策略？因為對於不安全的連線來說，寧可錯殺，不可放過。

不同的 ACL 設計機制會有不一樣的策略，但是基本原理與構想是相同的，路由器與防火牆的規格都是 ACL 的一種。

我們以 Windows 內建的防火牆示範，如圖 4-11，可以看到一條一條的規則，每一條規則都是用來控制網路埠的存取或是某個程式對於網路的存取，而這樣的清單就是典型的 ACL。

通常在 ACL 的設定上，會具 Deny All 之類的選項，我們可以將允許的規則放置在 Deny All 之前，當一個連線不符合允許的規格後，就會符合 Deny All 的規則，於是就被拒絕連線了。

圖 4-10 Windows 本機群組原則編輯器

圖 4-11 具有進階安全性的 Windows 防火牆

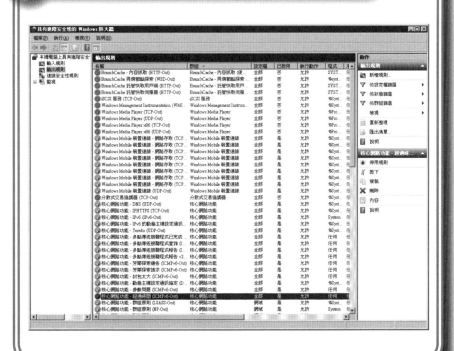

Unit 4-5
產品安全性認證

對於一般有安全性考量的資訊商品，是否會有一個公開公平的認證機制，來節省消費者進行互相比較的時間呢？答案是有的，就是 Common Criteria，稱為安全評估通用準則。這是由美國、英國、德國、法國與加拿大等國家所制訂的，目的在於提供資安產品的驗證規範，讓廠商有所依循，在 1999 年時已經被國際標準組識認可為國際標準 ISO/IEC 15408。

Common Criteria 由安全性低到高，制定了 **7 個安全性等級** (Evaluation Assurance Level , EAL)，如表 4-1。若一個產品通過了 EAL4 的最低標準，但未符合或未送測 EAL5，可以取得 EAL4 augmented 認證，或簡單註記為 EAL 4+。

表 4-1　七種等級的 EAL

等級	審查時間	內容	說明
EAL1	3個月	功能檢測	EAL1 只檢測了產品最基礎的功能是否能正常運作，並不進行安全性相關的評估，所以也不保證這個產品的安全性。
EAL2	6個月	結構檢測	從這個層級開始考慮安全性問題，進行檢測時會用比較不具嚴格性的標準來進行。
EAL3	9到12個月	系統性的檢測與確認	會檢查原始碼，但不要求重新改寫程式或是重新設計開發流程。
EAL4	12到16個月	系統性的設計、檢測與審查	這是較為普遍接受的安全性標準等級，低於 EAL4 的3個等級通常不被認為是安全的。這個層級除了會考慮EAL3的部份，廠商的漏洞修補機制也是審查範圍之一。
EAL5	18到24個月	半正規設計與檢測	這個層級要求在產品開發初期就得符合安全性規範，開發過程當然也需要依照 EAL5 的設計規定來進行。
EAL6	24個月以上	半正規查驗設計與檢測	EAL6 驗證要求產品整個系統都依照高安全性的標準來進行，需要考量遭受嚴重的攻擊時該如何保護等等。

表 4-1　七種等級的 EAL（續）

等級	審查時間	內容	說明
EAL7	24個月以上	正規查驗設計與檢測	若通過這個層級，表示這個產品可用於極高度風險的環境中，需要透過大量的測試、評估與檢查，每一個元件都需要獨立檢查以確保系統安全性。

那麼現在讀者應該很好奇有哪些產品通過了 Common Criteria 審查，又取得哪一個等級的認證呢？

最完整的產品列表可以從 http://www.commoncriteriaportal.org/products/ 得知，我們在表 4-2 列出一些常見的產品。

在琳琅滿目的資訊安全產品中，往往很難在採購時做出決定，透過公正的第三方認證如 Common Criteria，可以客觀的得到一份決策參考。

表 4-2　一些取得 Common Criteria 認證的產品（截至 2014 年 2 月）

產品	等級	驗證日期
IBM Tivoli Directory Server Version 6.3	EAL4+	2013-07-05
IBM DB2 Version 10.1 Enterprise Server Edition for Linux, UNIX and Windows (CC Configuration)	EAL4+	2013-03-28
Microsoft SQL Server 2012 Database Engine Enterprise Edition x64 (English), Version 11.0.3000.0 (including Service Pack 1)	EAL4+	2013-02-19
Microsoft SQL Server 2012 Database Engine Enterprise Edition x64 (English), Version:11.0.2100.60	EAL2	2012-09-06
Database Engine of Microsoft SQL Server 2008 R2 Enterprise Edition and Datacenter Edition (English) x64, Version 10.50.2500.0	EAL4+	2012-01-18

表 4-2　一些取得 Common Criteria 認證的產品(截至2014年2月)(續)

產　　　　品	等級	驗證日期
Oracle Database 11g Release 2 Enterprise Edition, version 11.2.0.2, with all critical patch updates up to and including July 2011 via the July 2011 PSU as well as the October 2011 CPU	EAL4+	2012-01-17
SUSE Linux Enterprise Server 11 Service Pack 2 including KVM virtualization	EAL4+	2013-02-27
Red Hat Enterprise Linux Version 6.2 with KVM Virtualization for x86 Architectures	EAL4+	2012-10-23
Citrix XenServer 6.0.2 Platinum Edition	EAL2+	2012-09-25
Microsoft Windows Server 2008 R2 Hyper-V Release 6.1.7600	EAL4+	2012-02-06
Microsoft Windows 7, Microsoft Windows Server 2008 R2	EAL4+	2011-03-24
VMware® ESX 4.0 Update 1 and vCenter Server 4.0 Update 1	EAL4+	2010-10-15
Apple Mac OS X 10.6	EAL3+	2010-01-08
Windows Vista Enterprise; Windows Server 2008 Standard Edition; Windows Server 2008 Enterprise Edition; Windows Server 2008 Datacenter Edition	EAL4+	2009-08-31

習　題

1. 比較驗證與識別的差別並舉例說明之。
2. 將你熟悉的單位以 LDAP 的條目來表示。
3. 比較 MAC、DAC、RoBAC 與 RuBAC 的優缺點與差異為何,並舉例說明。
4. 請說明單一登入的優缺點為何?

第 5 章

系統安全與弱點掃描

章節體系架構 ▼

Unit **5-1**
作業系統

　　每個人在使用電腦時，第一個接觸的環境就是自己的作業系統，這當然是安全的第一道關卡，當使用者的作業系統充滿了未修補的漏洞，連接上網路就像裸身跳入食人魚池一般危險。在這一個章節，我們要討論應該如何加強作業系統的安全性，以及該如何進行程序的加強。

　　作業系統在運作時，背景同時執行了許多服務，這些服務為使用者提供了更多的功能與操作時的便利，然而，有些惡意程式也藏身其中，使用者必須知道自己電腦上正在執行哪些服務，並學會如何辨別安全與不安全的服務，即使是安全的服務，若沒有使用上的必要，就應該將其關閉。

　　在 Windows 作業系統中開啟「服務」後，可以看到如圖 5-1 的畫面，其中顯示了服務的名稱、描述、狀態、啟動類型與登入身分。

　　名稱部份已經提供了這個服務的資訊，若還是不了解，可以看其描述，會解釋得更清楚，將一個服務開啟，可以看到如圖 5-2 的畫面，顯示了更詳細的資訊，我們可以從這裡得知一個服務是由哪一個程式所執行的，例如 BFE 是由 svchost.exe 執行，從圖 5-3 中可以發現 Adobe Acrobat Update Service 是來自於 armsvc.exe。

　　當一個服務的執行檔是可疑的，那麼就可以考慮將這個服務關閉。關閉之前，可以先檢查服務的相依性，所謂的相依性是指這個服務正常運作時，所需要啟動的其它服務，還有哪些服務是需要這個服務啟動才能正常運作，如圖 5-4，可以發現 Remote Procedure Call (RPC) 服務與 BFE 服務具有相依性，若是 RPC 服務關閉，則 BFE 服務也不能正常運作了；也可以發現

- IKE and AuthIP IPsec Keying Modules
- Internet Connection Sharing (ICS)
- IPsec Policy Agent
- Microsoft Network Inspection System
- Routing Remote Access
- Windows Firewall

等服務依存在 BFE 服務上，若把 BFE 服務關閉，這 6 個服務都會出問題。如果是 Linux 作業系統，可以使用 chkconfig--list 指令來觀察，如圖 5-5，其中 0 到 6 是指系統運作的層級，使用者先確認自己需要運作的層級，再來看是否要開啟某個服務。

圖 5-1　Windows 作業系統的「服務」

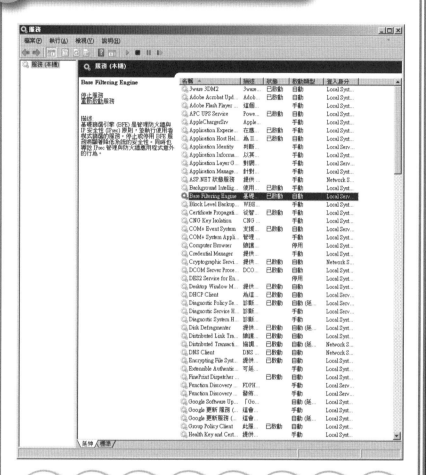

　　許多服務，尤其是 Windows 作業系統內建的服務，都有「描述」來說明此服務的主要作用，使用者可以從這些說明中，了解該服務的用途。啟動類型是指這個服務是自動啟動或是由使用者手動啟動，需注意的是，即使將某些服務的啟動類型改為手動，在有需要的時候仍會在使用者不知不覺的情況下啟動。

圖 5-2　BFE 服務的詳細資訊

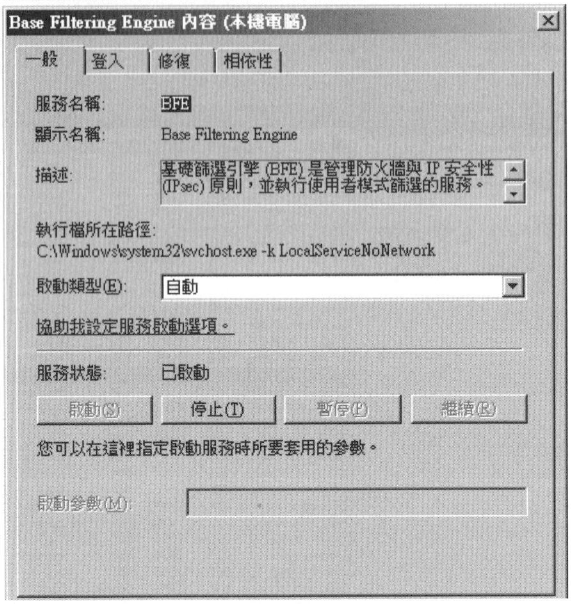

圖 5-3　Adobe Acrobat 的自動更新服務

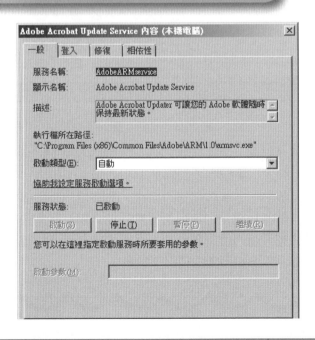

圖 5-4　BFE 服務的相依性

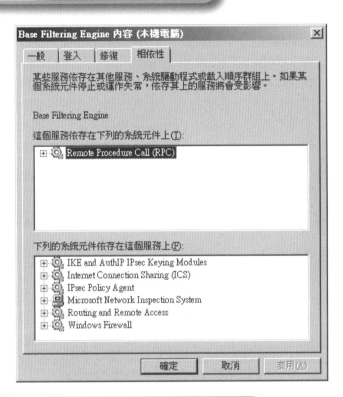

圖 5-5　chkconfig--list 的執行結果

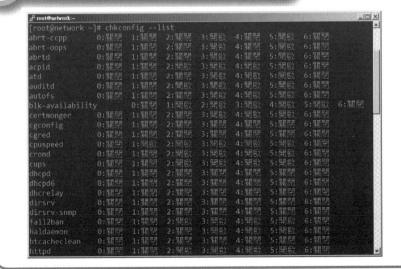

　　另外也可以使用 service--status-all 指令來列出所有服務的狀態，並在確認後以 service 指令啟動服務或是停止服務，如圖 5-6。

　　再來我們來看檔案系統的部份，在 Windows 系統中，目前最常見的應該是 New Technology Filesystem (NTFS) 了，原先使用的 FAT32 檔案系統是無法對檔案設定安全性限制的，只要可以登入系統，就可以存取所有的檔案，而 NTFS 則可以對檔案或目錄進行安全性的設定與控管，如圖 5-7，我們可以設定使用者 Administrators 的權限，也可以對某個檔案設定不同使用者的讀寫權限。當一個軟體或是系統發生漏洞時，廠商可以發出修補包，修補包的名字可能是 bug fix、hotfix 或是 patchix，這些修補包有時也被稱為「補丁」。以微軟為例，當修補包的數量多到一個程度時，微軟會推出 Service pack，Service pack 的內容除了修補包之外，有時也會附加一些新的功能與工具。

　　在發現系統問題時，可以到微軟的網站尋找相關補丁，但有些漏洞可能是我們沒有發現的，此時可以透過 Windows Update 服務來執行自動更新，它會定期檢查是否有微軟官方提供的相關程式與補丁，並列出其重要性，如圖 5-8，在一般情況下，Windows Update 應該設定為自動檢查更新，

圖 5-6　利用 service 指令觀看服務狀態

圖 5-7 NTFS 支援對檔案進行安全性的控管

公文 (3).pdf - 內容

| 一般 | 安全性 | 詳細資料 | 以前的版本 |

物件名稱: D:\temp\公文 (3).pdf

群組或使用者名稱(G):

- SYSTEM
- Administrators (WS1\Administrators)
- Users (WS1\Users)

若要變更權限,請按一下 [編輯]。　　　編輯(E)...

Administrators 的權限(P)	允許	拒絕
完全控制	✓	
修改	✓	
讀取和執行	✓	
讀取	✓	
寫入	✓	
特殊存取權限		

如需特殊權限或進階設定,請按一下 [進階]。　　進階(V)

深入了解存取控制及權限

確定　　取消　　套用(A)

圖 5-8 Windows Update 會自動檢查可用的更新

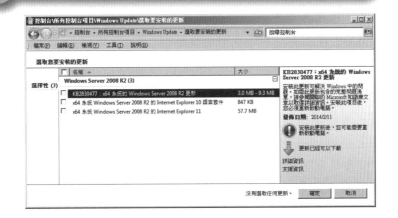

若是不喜歡它自動安裝軟體並要求重新啟動，可以選擇「下載更新，但由我來選擇是否安裝」，如圖 5-9。

有個網路謠言，內容是：「若使用了 Windows Update，微軟會偵測出此作業系統是否為盜版，並報警處理。」許多使用盜版 Windows 的使用者因為這則謠言而不敢使用 Windows Update，但也沒有建立正確的補丁檢查機制，反而淪為駭客與惡意使用者的攻擊目標。

若是使用 Linux 作業系統，可以透過 **yum** 指令來進行系統更新，首先可以使用 **yum check-update** 來檢查是否有可用的更新程式，如圖 5-10。

一旦確認之後，即可以執行 **yum update** 來安裝全部的更新，或是 **yum update 軟體名稱** 手動更新指定的軟體。

Linux 對於應用程式的管理機制與 Windows 的不同，這種檢查方式是到 yum repository 去檢查是否有新版本的程式，可能是自由軟體，也可能是商用軟體，Windows Update 只能檢查微軟的軟體而已，並無法去檢查其它使用者已安裝的程式。

若是使用 Debian 或是 Ubuntu 等 Linux distribution，可以使用 apt-get update 與 pt-get -y dist-upgrade 來進行更新。

小博士解說

以目前的軟體開發技術來說，大部份的應用程式都會使用動態函式庫或是資料庫的方式來實作，所謂的軟體更新或是補丁，其實就是去替換掉有問題的檔案，只有少部份的補丁是用「修改」的方式去變更原有的執行檔。

至於 Drupal 之類的網頁系統，當然就是用新的程式碼網頁將原有的覆蓋掉，之後執行的就是新版的程式了。

有些商用軟體雖然發現了問題，但礙於種種原因，修補程式遲遲未推出，此時在網路上可能會有志願人士提供修補檔案，以供使用者解燃眉之急，但要特別注意此類補丁有很多是包含了病毒或木馬的惡意程式，在安裝前要特別留意此類補丁的來源。

圖 5-9　設定為適合自己的檢查、安裝方式

 圖 5-10　使用 yum check-update 檢查更新

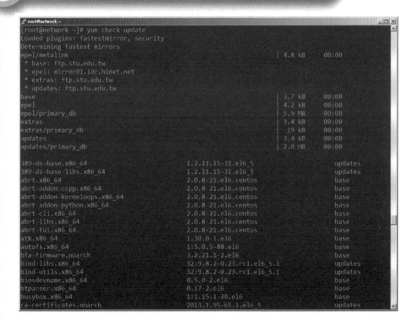

193

Unit 5-2
應用程式與 web

1　應用程式

　　應用程式又該如何強化它們的安全性呢？一樣需要定期更新，不同的軟體有其各自的更新方式，部份軟體也提供了類似 Windows Update 一般的服務，會定期到官方網站檢查並提醒使用者安裝更新版本或是補丁。

　　若是軟體本身無提供此功能，使用者就要自己定期到軟體的網頁去確認有無補丁或更新版，較為細心的軟體都會提供 release note 或是 change log，也就是新版本釋出的說明文件，其中會說明新舊版本的差異，也會說明修復了哪些已知問題，圖 5-11 是 JAVA JDK 7u51 的 Bug Fixes 網頁 (http://www.oracle.com/technetwork/java/javase/2col/7u51-bugfixes-2100820.html)，明確列出 7u51 版修正了哪些程式 bug，而圖 5-12 則是 PHP 的 change log (Php.net/ChangeLog-5.php)，說明 PHP 5.5.9 版所做出來的改變有哪些，可以看到修正的 bug 編號，點進去即可看到更詳細的 bug 說明。

圖 5-11　JAVA JDK 7u51 的 Bug Fixes

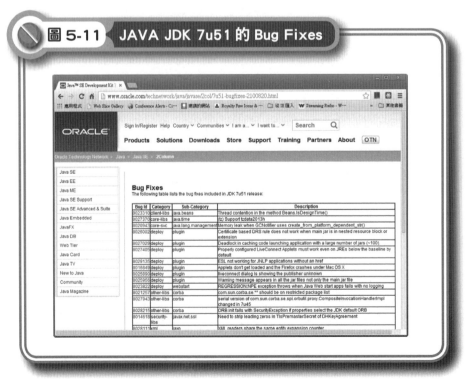

圖 5-12 PHP 5.5.9 的 change log

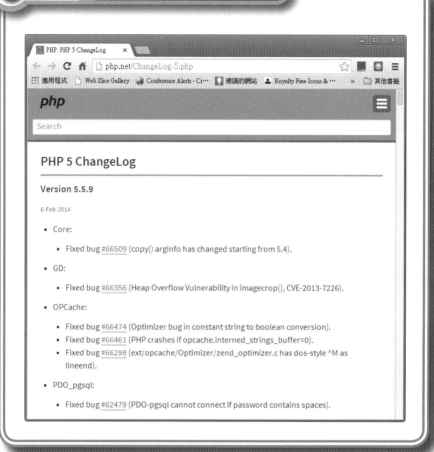

2 瀏覽器

　　隨著網路技術的普及與 web 技術的成熟，越來越多應用程式都以線上服務的形式出現，而這些應用程式都需要透過瀏覽器來運作，讓瀏覽器的角色越來越吃重，瀏覽器的安全性問題也隨之受到重視。

　　依 CVE Details (http://www.cvedetails.com/) 的資料，我們將各大瀏覽器於 2013 年的安全性風險數量呈現於圖 5-13，但是要注意的是，這裡出現的結果並不是表示 Chrome 最危險或是 Opera 最安全，因為風險的數量與產品的熱門程度是相關的，越多人使用的軟體，越容易成為攻擊的目標。

　　另一方面，安全性風險的數量也跟產品的功能有關，越單純的軟體所可能產生的安全性風險會越少，並不能只由風險數量高就認定是個設計糟糕或是故意設計不良的軟體。

　　從圖 5-13 可以發現瀏覽器或多或少都具備有安全性的風險，但一般使用者並不會去注意到這種風險，Firefox 或是 Chrome 都有自動更新的機制，使用者應該在可以更新時，立即安裝新的版本。

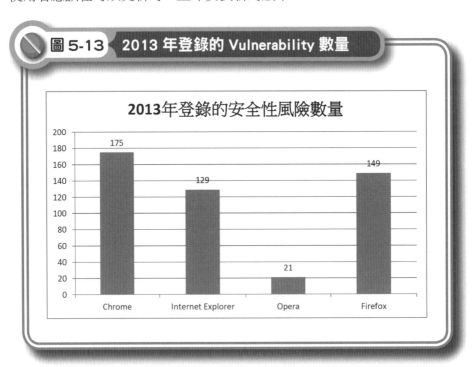

圖 5-13　2013 年登錄的 Vulnerability 數量

2013年登錄的安全性風險數量

　　Chrome 與 Firefox 等瀏覽器都支援**外掛程式 (Plug-in)**，這些外掛程式中，有一些可以用於阻擋惡意的網站，例如封鎖快顯視窗、封鎖廣告或是檢查網頁惡意 Javascript 程式碼等等，這些都是值得考慮安裝的功能。

　　瀏覽器的快取資料、歷史瀏覽記錄、分享資訊等等，都可能造成資訊安全上的問題，在不影響使用者便利性的前提之下，應該限制這一類的功能，例如 Chrome 瀏覽器的無痕式視窗，或是 Internet Explorer 的 InPrivate Filtering。

③　資料庫

　　許多應用程式都使用資料庫來儲存資訊，尤其是企業內部的應用程式，

往往會從公司內部資料庫主機讀取資料，再以特定方式呈現給使用者，當使用者輸入資料時，應用程式不一定會對這些資料進行前置處理，於是就導致了稱為「SQL Injection」的攻擊發生，例如，在應用程式的表單中有一個「搜尋使用者」的欄位，在應用程式內部，此欄位名稱為 username，應用程式可能是使用這種方式來讀取資料庫的資料：

```
select * from users where fullname='username'
```

當 username 為 john，則此敘述為

```
select * from users where fullname='john'
```

看起來是沒有問題的，但若此時使用者輸入的欄位值是 ` OR `a'='a 呢？則 SQL 敘述變成

```
select * from users where fullname='' OR `a'='a'
```

因為 `a'='a 是一定成立的邏輯判斷，所以 **fullname=''** 是否為真，也不重要了，於是就會列出所有的使用者資訊，原本應用程式預期應該只會搜尋到一筆資料，這種行為就可以破壞應用程式的運作邏輯，又例如輸入 `; **delete * from users where** `a'='a 則 SQL 敘述變成了

```
select * from users where fullname=''; delete * from
users where `a'='a'
```

於是第二個 **delete** 敘述執行之後，users 資料表就被刪得一乾二淨了。

　　SQL Injection 的防止方式首先當然是避免使用者輸入這一類的資料，但惡意的使用者是無法避免的，所以應用程式的設計者應該要知道存在這種攻擊手法，對使用者所輸入的字串做分析與處理，例如將使用者輸入的每個單引號改為兩個單引號，或是使用專門用於處理 SQL 語言安全性的元件，以 C# 語言為例，可以改用下列語法：

```
1.SqlConnection conn = new SqlConnection("");
2.conn.ConnectionString =
  System.Configuration.ConfigurationManager.ConnectionSt
  rings["ApplicationServices"].ConnectionString;
```

```
3.string strSql = "select * from users where
  fullname=@nameVar";
4.conn.Open();
5.SqlCommand sqlcom = new SqlCommand(strSql, conn);
6.sqlcom.Parameters.AddWithValue
  ("@nameVar", username );
7.SqlDataReader sqldr = sqlcom.ExecuteReader();
8.sqldr.Close();
9.conn.Close();
```

當架設網站時，SQL Injection 變成一個更為嚴重的議題，以健行科技大學資訊工程系網站為例，就曾發生過留言版遭受攻擊事件，在系網站的資料庫中，留言內容如圖 5-14 所示，使用者嘗試多種可能的排列組合，試圖切換目錄以讀取系統檔案或是進行 SQL Injection，由時間可以判斷出是以程式的方式進行，所以多篇留言是在同一秒內產生。

許多有經驗的程式設計師都知道 SQL Injection 的存在，因此像是留言、討論區等可以輸入文字的區域，往往就會有惡意的使用者企圖藉由此處取得資訊。大部份的惡意使用者並非想要破壞網站或是清除資料，而是想取得存取權限，以便進行後續攻擊。以圖 5-14 的健行科技大學資訊工程系遭攻擊事件為例，攻擊者使用下列文字來做為留言的內容：

1. '+response.write(9212987*9456176)+'
2. ../../../../../../../../../boot.ini
3. ..\..\..\..\..\..\..\windows\win.ini
4. -1' OR 2+456-456-1=0+0+0+1 –
5. <ScRiPt>alert('test')</ScRiPt>

第一個是攻擊者想透過 response.write 指令來印出一個很大的數字造成溢位，其中的「'」其實是單引號的編碼，所以它可以看成是

`'+response.write(9212987*9456176)+'`

攻擊者想藉由單引號，將原有網頁程式中的字串結束，附加上 response. write 指令運算，再與其它字串結合以產生錯誤。

第二與第三個內容很明顯的是想要存取系統檔案，因為攻擊者不確定伺服器使用哪一種作業系統，所以嘗試了 Linux 作業系統的 boot.ini 與

Windows 作業系統的 win.ini。

第四個是典型的 SQL Injection，我們先將 ' 以單引號來表示：

```
-1' OR 2+456-456-1=0+0+0+1 --
```

假設網站的程式碼是透過 SELECT * FROM TABLE WHERE COL1= 'AAA' 的 SQL 敘述來處理，則這個敘述將會變成

```
SELECT * FROM TABLE WHERE COL1=' -1' OR 2+456-456-
1=0+0+0+1 --'
```

最後面的單引號因為 -- 的關係，變成了註解，所以無效，而 WHERE 條件判斷的部份，COL1='-1' 即使是不成立的，但因為後面的 2+456-456-1=0+0+0+1 相當於 1=1，是一定會成立的，於是形成了無論如何都會成立的條件式，也因此導致 SQL Injection 的發生。讀者們可能會好奇，為什麼要用 OR 2+456-456-1=0+0+0+1 而不是直接用 OR 1=1 ？因為「OR 1=1」這樣的字串很明顯是一種特定用途，不管這個字串前面的結果為 True 或 False，只要後面接上了 OR 1=1，整個判斷句的結果皆會為 True，所以有些程式會對這種內容進行檢查，但這種檢查並不會將 OR 2+456-456-1=0+0+0+1 判斷為 OR 1=1，所以利用運算式，可以避開這種檢查。

第五個內容，我們一樣將其進行解碼：

```
<ScRiPt>alert('test')</ScRiPt>
```

< 是「<」，> 是「>」，所以可以看出來，這是用網頁編碼去製造出一小段的 JavaScript，雖然不會造成破壞性的結果，但是可以用來進行測試，看這個網站是否會遭受這種形式的入侵。

圖 5-14 試圖取得網站資訊的留言內容

Unit **5-3**
滲透測試

當我們懷疑一個系統具有弱點或是漏洞時，最好的方式當然是直接去尋找那一個弱點並給予補強，然而，大部份的情況下，我們並不確定系統目前的漏洞有哪些，既然沒有頭緒，那麼我們可以採用掃描的方式去搜索、探測是否存在弱點。

滲透測試 (Penetration) 是以攻擊者的角度去嘗試入侵，看看是否能夠得手，如果可以，當然就表示這個漏洞存在，而且既然測試的時候可以攻擊成功，外部的惡意攻擊者當然也可以成功。

滲透測試基本實作步驟如下：

1　確認威脅存在

滲透測試的軟體不能做到「發現新問題」，它只能檢查已知的問題，所以滲透測試的工具首先要做的就是尋找系統中是否具有已知的威脅，包含了連接埠、應用程式、軟體版本等等。

2　繞過安全控制

系統中即使存在某些漏洞，可能因為安裝了安全控制軟體，導致這個漏洞無法被攻擊，形成一個安全的狀態。若是在這種情況下，滲透測試工具會試圖繞過安全控制。

3　測試安全控制

再來應該要去測試安全控制的機制、軟體、系統，看這些把關的守護者本身的防禦能力如何。

4　使用弱點

弱點如果被確認為可以接觸到、可以攻擊到，這時就是要產生該弱點的評估報告。

滲透測試的對象廣泛且複雜，可以委託專業的資訊安全服務公司來進行，但是需要確認在測試之後，所有的威脅都要被清除掉，不是只產生報告就結束了。

 小博士解說

滲透測試與弱點掃描有什麼不同？

滲透測試需由資安專家以人工的方式進行，測試過程中，利用不同的弱點進行組合攻擊，驗證是否有任何已知的方式可以突破目標系統的資安防護，通常需要許多天才能結束。因為是以人力進行，所以資安專家的能力，決定了滲透測試的成功率，一個好的專家可以隨機應變，針對系統的回應、系統回傳的訊息來改變攻擊方式，甚至可以透過一個漏洞來觸發其它隱藏的漏洞。

弱點掃描可由透過掃描軟體來執行，在短時間內就可以執行完畢，但是弱點掃描僅能檢測已知的漏洞，不保證能檢測出最新的資安漏洞。對於進行偽裝的漏洞或惡意程式，在透過掃描軟體時，因為不在其制式化的判斷準則內，容易將其錯誤判斷為無惡意或是非漏洞；反過來說，若一項系統功能符合判斷準則，也可能會被軟體判斷是漏洞，但這個漏洞可能是沒有修補價值的，不需花費人力物力去修補。以個人使用者來看，進行弱點掃描已經足夠，但若是針對企業，則滲透測試是值得進行的投資。

一般的滲透測試專案流程如下：

確認專案需求：包含了舉辦專案會議以瞭解客戶需求，並與客戶確認作業方式與規範，因為進行駭客攻擊有觸犯法律的可能，所以需要在此時先簽署合約。

資訊蒐集與分析規劃：依黑箱、白箱或是灰箱的不同，蒐集該目標的資訊。

執行滲透測試：進行諸如資料洩漏、弱點、安全漏洞、作業系統安全漏洞、應用軟體安全漏洞、網站漏洞、密碼破解、權限跳脫或提升等等的滲透攻擊測試。

撰寫測試報告：此時，透過專家的經驗與知識，評估各種發現到的弱點的威脅性與可能造成的損害；提出修補的建議，並撰寫成果報告。

國內較知名的滲透測試專業公司包含了 DevCore(戴夫寇爾)、光盾資訊、聯宏科技等等。

Unit 5-4
弱點掃描

相較於滲透測試，**弱點掃描** (Vulnerability) 相較之下就只能做比較單純的工作：掃描系統特定元件的弱點，元件包含了連接埠、網路服務、特定軟體等等。較常用的弱點掃描工具是 Nessus(http://www.nessus.org)，我們在此簡單介紹如何使用 Nessus。

首先我們先到 http://www.tenable.com/products/nessus/select-your-operating-system 下載軟體，如圖 5-15。

圖 5-15　下載 Nessus 軟體

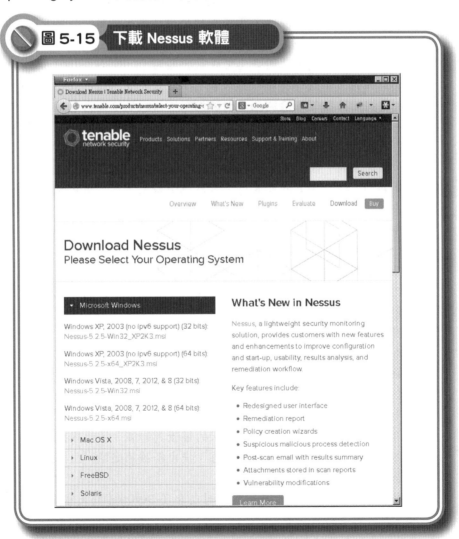

在這裡我們使用 Windows Vista, 2008, 7, 2012, & 8 (64 bits) 做為示範，下載後的執行畫面如圖 5-16。

圖 5-16　確認安裝 Nessus

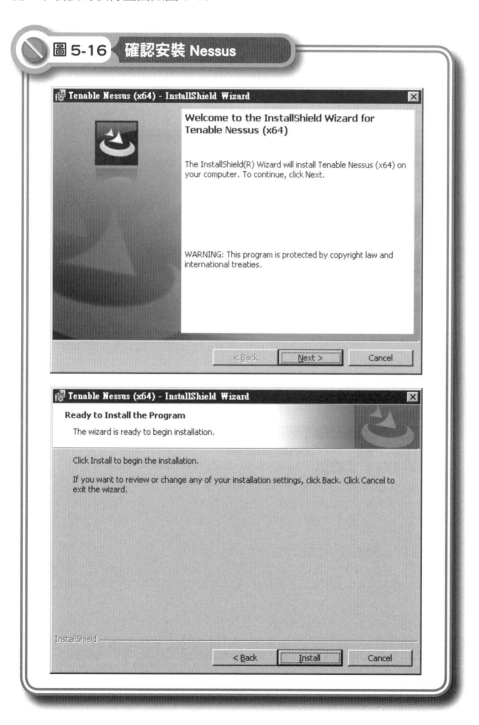

在安裝 Nessus 時，會需要安裝 WinPcap 軟體，如圖 5-17；WinPcap 是用擷取網路封包的工具，Nessus 需要使用這個工具來處理網路封包。

為了在開機時就啟動封包擷取功能，請勾選開機時即啟動 WinPcap，如圖 5-18。WinPcap 安裝結束後，Nessus 的安裝也告結束，如圖 5-19。

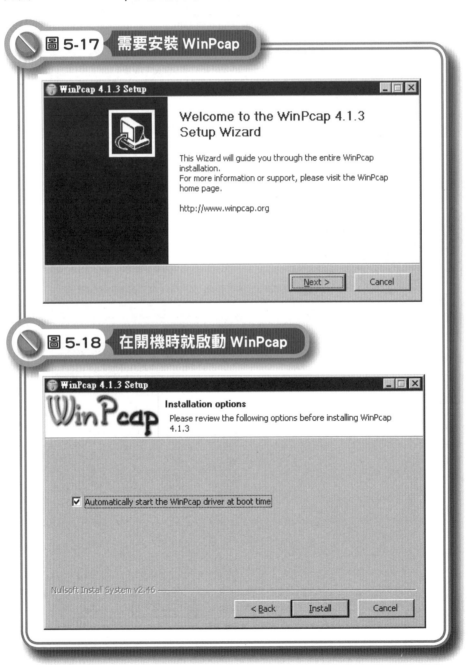

圖 5-17　需要安裝 WinPcap

圖 5-18　在開機時就啟動 WinPcap

圖 5-19　結束 WinPcap 安裝後，即可結束 Nessus 的安裝

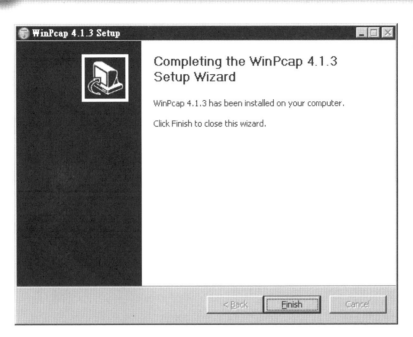

安裝結束後，別急著去尋找 Nessus 應用程式，在啟動 Nessus 之前，需要先申請 Activation Code，這個碼需要到 http://www.tenable.com/products/nessus/nessus-plugins/obtain-an-activation-code 來提出申請，如圖 5-20，在此網頁中，選擇「Using Nessus at Home」。

圖 5-20　取得 Activation Code

再來就要註冊，輸入 First Name、Last Name、Email、Country 資訊，如圖 5-21。最後即可看到如圖 5-22 一般註冊成功的畫面，使用者將會收到一封電子郵件，如圖 5-23，其中即具有可用的 Activation Code，注意這個 Code 只能使用一次，若是將 Nessus 移除後再重新安裝，就要重新申請一個 Activation Code。

圖 5-21　輸入註冊資訊

圖 5-22　註冊結束

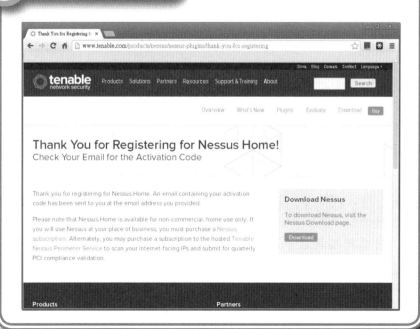

圖 **5-23** 收到帶有 Activation Code 的電子郵件

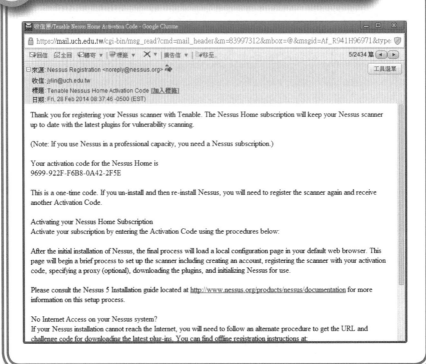

在程式集中，Nessus 的路徑是 Tenable Network Security \ Nessus (x64) \ Nessus Web Client，它是以客戶端的方式來提供使用者介面，所以是用瀏覽器來啟動的，如圖 5-24。

按下「Get Started」後，因為是第一次使用，需要建立使用者帳號與密碼，如圖 5-25。再來 Nessus 會要求輸入 Activation Code，此時輸入由電子郵件中所記錄的 Activation Code 即可，如圖 5-26。

小博士解說

弱點掃描軟體眾多，Nessus 只是其中一種，其它像是 OpenVAS (http://www.openvas.org/)、Watcher(http://websecuritytool.codeplex.com/)、Nikto (http://www.cirt.net/nikto2) 等等，都是可以考慮使用的軟體，而且許多弱點掃描軟體是以開放軟體的方式提供下載使用，對預算不足的公司而言，是非常值得考慮安裝使用的工具。

圖 5-24　Nessus 啟動畫面

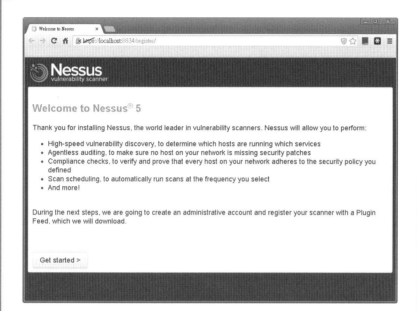

圖 5-25　第一次使用時需建立使用者帳號與密碼

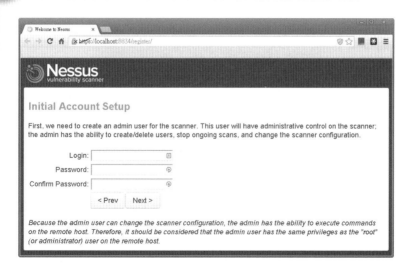

圖5-26　**輸入 Activation Code**

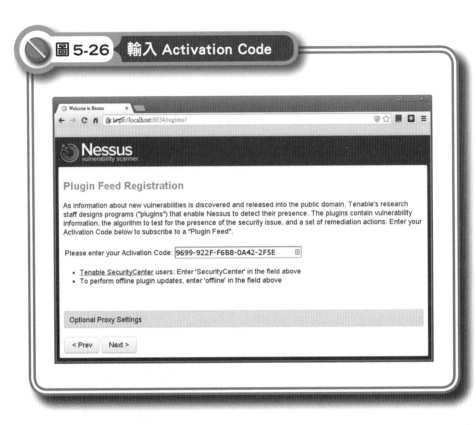

　　輸入後即可完成註冊，如圖 5-27，下一步是安裝外掛，如圖 5-28。在外掛程式下安裝後，Nessus 即安裝成功。

圖5-27　**完成註冊並準備開始下載外掛**

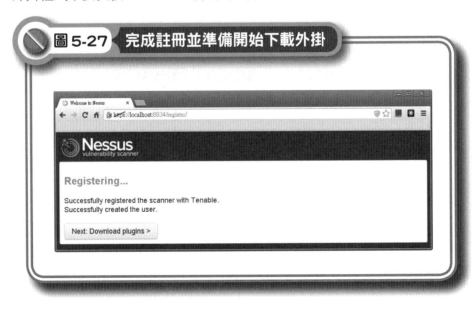

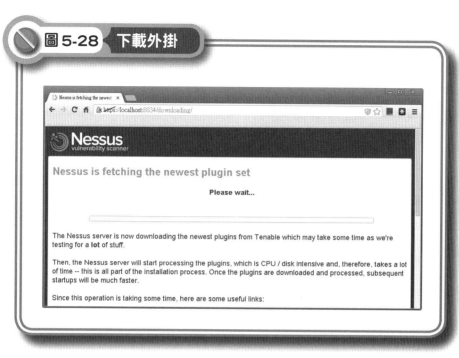

圖 5-28　下載外掛

　　畫面將切換為使用者登入介面，如圖 5-29，輸入前面步驟中所建立的
管理員帳號與密碼後繼續。

圖 5-29　登入介面

圖 5-30 是目前系統中關於掃描的記錄資訊，既然我們是第一次使用，當然就沒有任何的先前掃描資訊可用，此時若是點選「New Scan」，會出現如圖 5-31 的視窗，警告需要先建立**原則** (Policy)。

圖 5-30　掃描介面

圖 5-31　需要先有原則才能處理

選擇「Continue」後將自動切換到原則頁面，如圖 5-32，選擇「New Policy」來新增一個原則，此時會跳出**原則精靈 (Policy Wizards)** 如圖 5-33。在掃描精靈中，我們可以依需求來選擇，此時我們先以 Basic Network Scan 來進行示範。

圖 5-32　原則頁面

圖 5-33　原則精靈

213

再來需要對原則指定一些資訊，像是原則的名稱、可見性與自訂的描述，還有掃描的方式，如圖 5-34 與圖 5-35。

圖 5-34 指定原則名稱、可見性與描述

圖 5-35 選擇掃描方式

最後需要輸入驗證資訊，我們使用 Windows 驗證，輸入帳號密碼，如圖 5-36。

圖 5-36　輸入 windows 帳號密碼以進行驗證

現在即可開始掃描，輸入基本資料後即可開始動作，如圖 5-37，開始掃描時會出現圖 5-38 的 Running 字樣，結束後就像圖 5-39 一般顯示 Completed。

圖 5-37　掃描的基本設定

圖 5-38　掃描進行中

圖 5-39　掃描結束

216

　　點選掃描可以看到掃描的結果，這才是最讓人關心的重點，這個環境的掃描結果如圖 5-40，左方的圖示按下去會列出詳細的弱點資訊，如圖 5-41，弱點會依嚴重性排序，可以發現最嚴重的弱點出現在 JAVA 上。

　　不同的弱點有不同的處理方法，若是出現在不熟悉、不常用的應用程式上，最直接的作法是移除該軟體，反之，我們應該針對這個弱點到該軟體的官方網站尋找解決方式，例如安裝新版本或是 patch、hotfix 等修補程式。

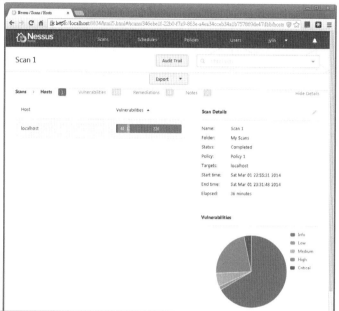

圖 5-40 掃描結果

圖 5-41 弱點的詳細資料

Unit **5-5**
攻擊測試

　　軟體是人寫的，而從設計到實用，往往需要一段很長的時間，這段時間內所發現的新手法，不一定能夠應用在弱點探測軟體之中，所以有一種測試的方式是以駭客的角度來進行攻擊，但是跟駭客不同的是，這些攻擊者並不會去盜取資料或是破壞現有資訊設備，就像是模擬考，或是軍事演習中扮演假想敵的一方。

　　這一類的駭客被稱為**道德駭客** (Ethical Hacker)，EC-Council (http://www.eccouncil.com) 甚至為此推出了一種證照考試稱為 CEH (Certified Ethical Hacker)。

　　道德駭客的攻擊模式主要分為三種情境，這三種情境的主要差別在於道德駭客們手上能掌握多少資訊，依序為黑箱測試、白箱測試與灰箱測試，如圖 5-42。

1 黑箱測試

　　黑箱測試是指道德駭客們對於目標系統完全沒有概念，就像是外部的攻擊者一般，必須經由探測、驗證等程序一步一步去了解這個系統的細節，像是安裝了哪一種作業系統、使用哪些軟體、開啟了哪些網路連接埠、使用了哪些安全防護機制，在實作黑箱測試時，系統管理員可能完全不知道有人在進行攻擊，或是被要求不能進行非常規的安全防護反應，盡量去模擬平日的狀況，畢竟真的駭客在發動攻擊之前往往是不會先宣戰的，由黑箱測試可以知道系統管理政策在平日的運作下，是否具備足夠的強度來阻擋惡意使用者。

2 白箱測試

　　白箱測試則是讓道德駭客了解目標系統的細節，包含系統的資訊、網路的配置、服務的種類等等，有些情況下，甚至會讓道德駭客知道原始碼的內容，據此以計畫攻擊的手法。

　　白箱測試可以讓道德駭客節省探測所需要耗費的大量時間，讓道德駭客可以專注在弱點與風險上，不必花費大量時間去取得資訊，可以在較短的時間內取得測試結果。在角色的認定上，可以看成是測試一個模擬的內

賊所能進行破壞到什麼程度，例如系統管理員如果被收買，備份機制能不能彌補其所造成的破壞？是否給予系統管理員不必要的應用軟體權限？

3　灰箱測試

　　灰箱測試就是資訊的揭露程度介於黑箱與白箱之間，至於應該要多少程度的資訊就要依目標主機的性質來決定。

　　灰箱測試有時是以黑箱測試與白箱測試合併進行，也就是去了解同時有內賊與外敵攻擊時，防禦機制能否正確運作，被攻陷又需要多少時間，但目標系統的相關資訊並非完全不透明，也不會完全公開，是一種可以酌情調整透明度的測試方法。

　　近年來常有公司或法人團體舉辦駭客競賽，比賽中，每一組參賽選手只能取得部份資訊，選手們利用有限的資訊嘗試入侵目標伺服器，取得機密資料，這就是一種灰箱測試。有些公司為了宣揚自己的資安產品，也會舉辦相關競賽，一樣是給予有限的資訊，挑戰全世界的駭客們，能否在限定時間內突破該公司的產品。

圖 5-42　黑箱測試、灰箱測試與白箱測試

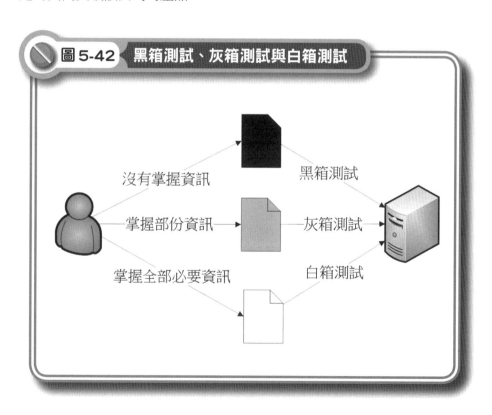

沒有掌握資訊　　　黑箱測試

掌握部份資訊　　　灰箱測試

掌握全部必要資訊　　白箱測試

Unit 5-6
系統日誌

　　大部份的系統都包含了系統日誌功能，至少有事件日誌、稽核日誌與安全日誌，這些日誌每分每秒都在記錄著系統的狀態，可疑或惡意的行為當然也記錄在日誌中。

　　我們首先以 Windows Server 2008 R2 為例子，來看看系統日誌如何運作。「事件檢視器」在開啟後將呈現如圖 5-43 的視窗畫面，左欄是不同的記錄與檢視方式，右欄是可以執行的動作，我們的重點當然是放在中間欄位的各種記錄內容上。

圖 5-43 Windows Server 2008 R2 的事件檢視器

先開啟「Windows 記錄」的「系統」記錄，如圖 5-44，這裡記錄了各種作業系統相關的資訊，預設是以日期和時間來進行排序，等級依嚴重性分為資訊、警告、錯誤與重大四種，點選「等級」欄位將等級為錯誤的事件優先顯示，如圖 5-45。

　　我們以第一個重大事件來分析，圖 5-46 顯示了第一個事件的詳細資訊，我們可以從這些資訊很快地判讀出，這個系統在 2013 年 8 月 8 日凌

圖 5-44 「系統」記錄

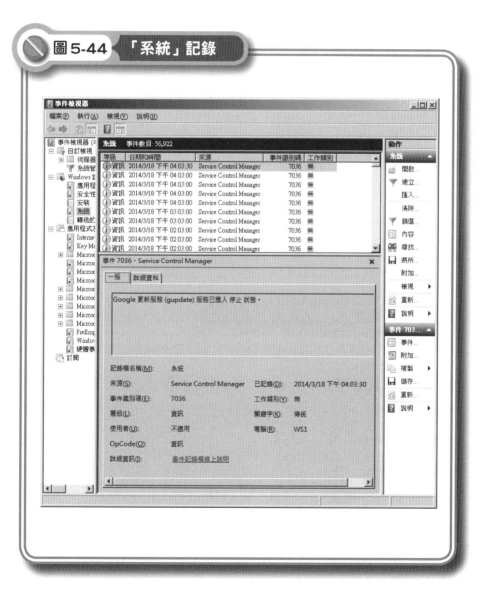

圖解網路安全

222

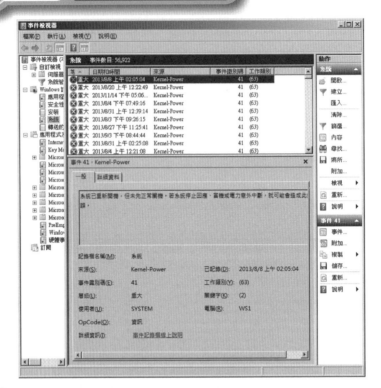

圖 5-45　依等級來為事件排序

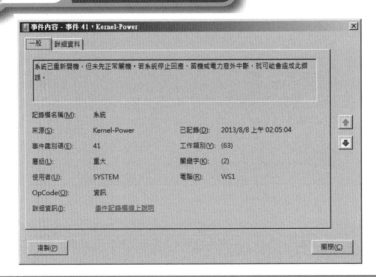

圖 5-46　事件的詳細資訊

晨 2 點 5 分 4 秒時，被記錄了一個重大層級的事件，記錄的來源是 Kernel-Power，發生的事件是系統沒有正常關機就重新開機了。

我們再來看關於安全性的記錄，在左欄中點選「安全性」後，中間欄位依關鍵字進行排序，關鍵字只有稽核成功與稽核失敗兩種，如圖 5-47。

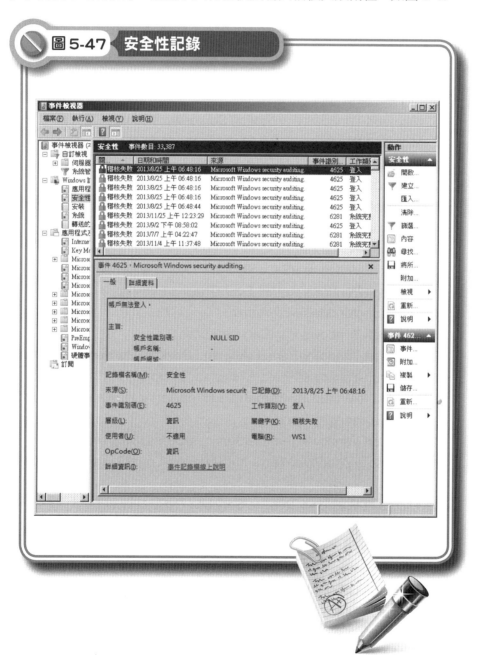

圖 5-47　安全性記錄

另一個可以觀察系統狀態的記錄檔是「自訂檢視」中的「系統管理事件」，如圖 5-48，這個記錄中合併了許多不同來源的記錄，在系統管理事件上按右鍵，選擇「內容」，將出現如圖 5-49 的視窗，按下「編輯篩選器」後，如圖 5-50 的視窗呈現了事件記錄檔的來源，包含了下列資料來源：

1. 應用程式
2. 安全性
3. 系統
4. Internet Explorer
5. Key Management Service
6. Microsoft-Windows-Application Server-Applications/ 系統管理
7. Microsoft-Windows-DHCP Client Events/Admin
8. Microsoft-Windows-DHCPNap/Admin
9. Microsoft-Windows-DHCPv6 Client Events/Admin
10. Microsoft-Windows-Diagnosis-Scripted/Admin
11. Microsoft-Windows-EnrollmentPolicyWebService/Admin
12. Microsoft-Windows-EnrollmentWebService/Admin
13. Microsoft-Windows-IIS-Configuration/Administrative
14. Microsoft-Windows-Kernel-EventTracing/Admin
15. Microsoft-Windows-MUI/Admin
16. Microsoft-Windows-PrintService/Admin
17. Microsoft-Windows-RemoteApp and Desktop Connections/Admin
18. Microsoft-Windows-RemoteAssistance/Admin
19. Microsoft-Windows-RemoteDesktopServices-RemoteDesktop SessionManager/Admin
20. Microsoft-Windows-TerminalServices-ClientUSBDevices/Admin
21. Microsoft-Windows-TerminalServices-LocalSessionManager/ Admin
22. Microsoft-Windows-TerminalServices-PnPDevices/Admin
23. Microsoft-Windows-TerminalServices-RemoteConnection Manager/Admin
24. Microsoft-Windows-WSRM-Service/Admin
25. Microsoft Office Alerts
26. Microsoft Office Diagnostics,Microsoft Office Sessions
27. PreEmptive,Windows PowerShell
28. 硬體事件

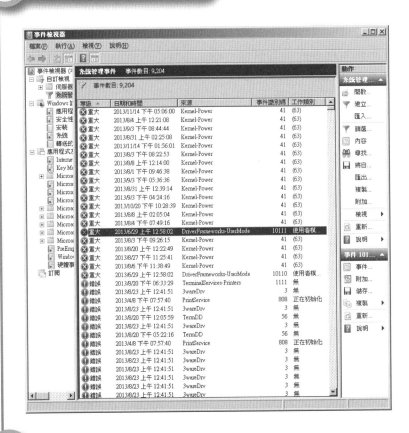

圖 5-48　系統管理事件

圖 5-49　系統管理事件的資料來源

如果我們覺得預設的系統管理事件資料來源不足，能不能進行修改？可以發現系統預設的這一個事件記錄是唯讀的，但我們可以以此為範本，建立一個適合自己環境的事件檢視。

在「系統管理事件」上按下右鍵，選擇「複製自訂檢視」，將會出現如圖 5-51 的小視窗，輸入名稱與描述後按下確定，在左欄中即可看到這一個檢視。然後我們在其上按下右鍵，選擇「內容」，再選擇「編輯篩選器」，先確定「依記錄」已被選擇，點選在「事件記錄檔」右方的下拉式選單，即會出現各種可以選擇的事件記錄，如圖 5-52，因為我們是以系統管理事件來做為範本，所以已經有許多事件記錄已被選取了，此時即可依目標環境來選擇需要被列入觀察的事件，雖然可以全部選取以做到鉅細靡遺，但是過多的資訊反而容易讓系統管理人員分心，甚至因為資訊太多而遺漏了真正重要的資訊，因此可以依經驗來進行選擇。

另外一種選擇資料來源的方式是透過事件來源，如圖 5-53。每個事件都是由一種服務或一種軟體所發出，因此透過事件來源來選擇事件記錄，可以進行更為針對性的觀察，像是在程式開發時期進行偵錯的時候，我們不需要去關心其它的事件，只需要將重點放在會與程式發生問題的服務，並觀察其發出的事件記錄即可。

圖 5-50　系統管理事件的詳細內容

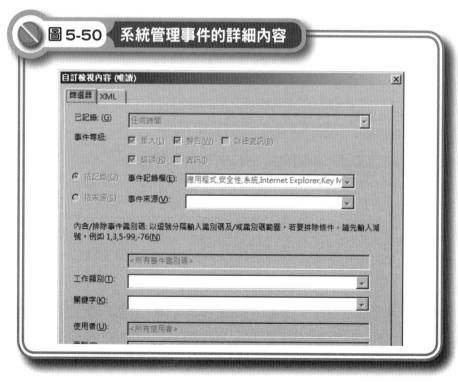

圖 5-51　複製自訂檢視

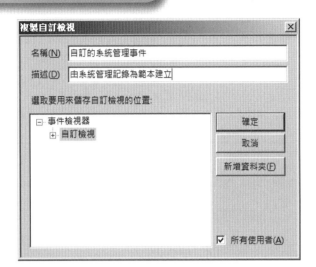

圖 5-52　用下拉式選單選擇想要包含的事件記錄

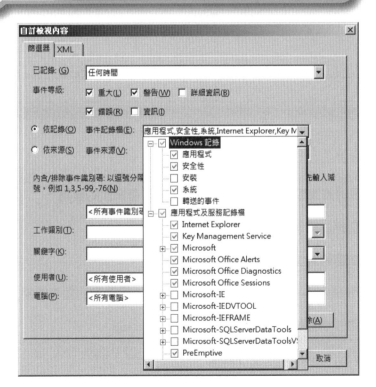

圖 5-53　用下拉式選單選擇想要包含的事件來源

習　題

1. 請舉例並比較黑箱測試、白箱測試與灰箱測試的差別。

2. 滲透測試與弱點掃描有什麼關係？

3. 請試著舉幾個 SQL Injection 的例子。

4. 使用 chkconfig 指令尋找 Linux 系統中，已開啟的服務有哪些。

5. 請尋找幾個軟體，並列出它們的 change log。

6. 請列出 Opera 的安全性風險。

7. 請找出你的系統已安裝的補丁與 patch 有哪些。

第 6 章

無線區域網路安全

章節體系架構 ▼

Unit **6-1**
無線區域網路協定

　　無線區域網路現在已經是非常普及的技術，除了筆記型電腦、平板電腦、手機之外，許多桌上型電腦也開始使用無線區域網路技術以減少有線網路佈線的麻煩。無線區域網路是透過無線電來進行資料的通訊，而利用不同的頻段，無線區域網路的收發器不會接收到錯誤的資訊。

　　無線區域網路系統是依 IEEE 802.11 標準來完成的，基於這個標準衍生出各種不同的標準，我們將其通稱為 IEEE 802.11x，我們來一一介紹。

IEEE 802.11

　　這是 1997 年提出來的無線區域網路標準，採用的頻率是 2.4 GHz，支援的網路傳輸速度有 1 Mb/s 與 2 Mb/s。802.11 也定義了無線區域網路的架構，分為 Infrastructure 與 Ad Hoc 兩種。Infrastructure 的方式是透過一台**基地台** (Access Point，AP) 來做為訊號的收發與轉送，而 Ad Hoc 的架構則是讓兩部機器可以利用無線的方式互連，如圖 6-1。

IEEE 802.11a

　　在 1999 年時候，802.11 的修訂版本 802.11a 被提出，因為 2.4 GHz 同時也是微波爐、藍芽所使用的頻率，所以容易受到干擾，於是 802.11a 改為採用 5 GHz 的頻率，可使用的資料傳輸速率有 8 種，從 6 Mb/s、9 Mb/s、12 Mb/s、18 Mb/s、24 Mb/s、36 Mb/s、48 Mb/s 到 54 Mb/s。從 2.4 GHz 改為 5 GHz 的缺點是傳輸距離下降，在戶外無遮蔽的環境下，約只有 150 英尺的有效距離，而且高頻訊號的穿透能力較弱，所以容易遭受牆面阻擋。因為頻率不同，不能與原先走 2.4 GHz 的 IEEE 802.11 裝置相容。

IEEE 802.11b

　　802.11b 也是 1999 年提出，採用 2.4 GHz 的頻率，雖然與 IEEE 802.11 一樣，但 802.11b 引進了不同的調變技術，並改良了實體層功能，將訊框的前置訊號由 144 位元縮短為 72 位元，前置訊號縮短了一半，明顯減少封包的大小，也就表示可以得到更快的傳輸速率。IEEE 802.11b 能使用的傳輸速率有 1 Mb/s、2 Mb/s、5.5 Mb/s 與 11 Mb/s。

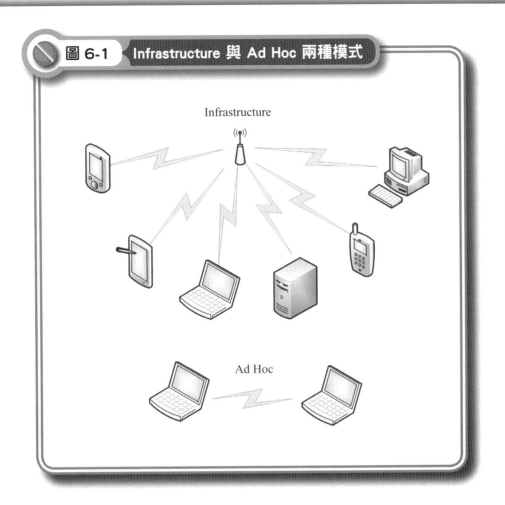

圖 6-1 Infrastructure 與 Ad Hoc 兩種模式

Infrastructure

Ad Hoc

第六章 無線區域網路安全

231

IEEE 802.11g

　　802.11g 在 2003 年提出，與 802.11b 相容，都是使用 2.4 GHz 的頻率，最快速度則是與 802.11a 相同，可使用的資料傳輸速率一樣是 8 種，從 6 Mb/s、9 Mb/s、12 Mb/s、18 Mb/s、24 Mb/s、36 Mb/s、48 Mb/s 到 54 Mb/s。因為與 802.11b 相容，所以許多使用者願意建置 802.11g 的無線區域網路環境，可同時讓原有的 802.11b 設備使用，也可以支援更高速度的 802.11g。

　　到了這個標準的時候，無線網路快速普及，許多商店也開始出現免費使用網路的服務。

IEEE 802.11i

　　這個標準在規格上並沒有什麼改變，基本上算是一種修正，目的是要提出支援 AES 加密的標準。在下一個章節將討論到的 WPA2 即是由 IEEE 802.11i 所產生的。

IEEE 802.11n

　　802.11n 到了 2009 年才推出，使用 MIMO (Multiple-Input Multiple-Output) 技術，利用多支天線來將反射或是散射的多路徑訊號進行處理，這些原本要捨棄的訊號被拿來使用後，因此大幅增加了傳輸速率，另外，由 802.11n 開始，支援 40 MHz 的頻寬，是原來 802.11 a/b/g 所使用的 20 MHz 的兩倍，802.11n 支援 2.4 GHz 與 5 GHz 的頻率，當使用 20 MHz 的頻寬時，速度是 7.2 Mb/s、14.4 Mb/s、21.7 Mb/s、28.9 Mb/s、43.3 Mb/s、57.8 Mb/s、65 Mb/s、72.2 Mb/s，若使用 40 MHz 的頻寬，則理論上的傳輸速率會變成兩倍左右：15 Mb/s、30 Mb/s、45 Mb/s、60 Mb/s、90 Mb/s、120 Mb/s、135 Mb/s、150 Mb/s。

　　若再搭配多支天線，可以獲得更高的傳輸速率，802.11n 最多可以支援到 4 支天線，所以理論速率是 150 Mb/s×4=600 Mb/s，此時無線區域已經大幅超過了有線網路常見的 100 Mb/s 速率。

　　以台灣的環境來看，ISP 所提供的家用網路頻寬至多為 100 Mb/s 左右，使用無線區域網路可以讓家庭中即使不佈建網路線，無線區域網路也已經提供了足夠的頻寬供用戶使用。

IEEE 802.11ac

　　這個標準一直到 2014 年才正式確認，頻率改為採用 5 GHz 的頻率，頻寬方面則由 802.11n 標準再提升兩倍以上，可使用 80 MHz 或是 160 MHz 的頻寬，MIMO 的支援天線數量也從 4 支天線提升到 8 支天線，所以在速度上更加驚人，在理論上，使用 160 MHz 可以達到 866 Mb/s 的速率，使用 8 天線的 MIMO 時，可以達到 866×8=6928 M/b/s 的速率，已經超過了有線網路的 1 Gbps，但是因為是採用高頻的 5 GHz，有效距離較短，不過在家庭環境或是小型辦公室的環境中，仍是綽綽有餘。

　　再來我們介紹兩個與無線區域網路相關的名詞：Wi-Fi 與 SSID。

Wi-Fi Alliance

我們在市面上常見到的是 Wi-Fi 字樣，全名是 Wi-Fi Alliance，是由商業界所組成的一個組織，在 1999 年的時候成立。成立的原因是因為 IEEE 所定義的標準與這些廠商的設備並不完全相容，與其等待新的標準被提出，不如以商業聯盟的方式來建立共識，所以 3Com、Cisco、Lucent、Nokia 等公司成立了這個聯盟組織，負責產品的認證工作，加入的會員廠商可以在通過的設備上合法地使用 Wi-Fi 標誌，也表示這些產品彼此相容，如圖 6-2。

圖 6-2　Wi-Fi 標誌

因為 Wi-Fi 聯盟的認證與 IEEE 802.11 標準有關，因此常被混在一起討論。

Service Set Identification (SSID)

在無線區域網路中，一組互相連接的無線裝置使用 SSID 來做為識別，兩個裝置使用不同的 SSID 即表示它們是不同的無線群組。SSID 可以再細為分兩種：BSSID (Basic SSID) 與 ESSID (Extended SSID)，BSSID 由基地台本身的 MAC 位址組成，而使用者可以自行定義的是 ESSID，長度為 32 個字元。

Unit **6-2**
安全協定

目前的無線區域網路系統都支援了可以提升安全性的加密資訊傳輸協定，包含了 WEP、WPA、WPA2 等，我們在此對常見的加密協定介紹。

Temporal Key Integrity Protocol (TKIP)

TKIP 的重要特性是它會對每個封包所使用的密鑰進行變化，所以稱做「暫時的」，密鑰是由多種資訊混在一起產生，包括了基本密鑰、AP 的 MAC 地址、封包的序號等等，因此具備了一定的安全性，然而，因為 TKIP 的長度短，且是基於 RC4 演算法，因此在 2004 年就已經有研究學者提出破解的方法。在 2009 年，IEEE 也決定放棄採用 TKIP。

Pre-Shared Key (PSK)

PSK 可以讓不同的使用者使用同一個 256 位元長度的密鑰，而此密鑰會存在 Wi-Fi AP 中，密鑰可以是 64 個 16 進位值，或是 8 到 63 個字元長的字串。如果是使用字串的話，這個密鑰會利用 SSID 來進行 PBKDF2 演算法來加密。

Extensible Authentication Protocol (EAP)

EAP 是一種認證框架，而認證的機制則是另外決定，EAP 可以用在有線或無線的環境中。當 EAP 搭配不同的認證機制時，稱為 EAP 方法，像是 EAP-TLS、EAP-SIM、EAP-PSK、EAP-MD5、EAP-TTLS、EAP-FAST 等等。LEAP (Lightweight EAP) 與 PEAP (Protected EAP) 是由 Cisco 與其它廠商所提出，LEAP 只有 Cisco 的產品在使用，所以漸漸式微，被 PEAP 所取代。PEAP 在微軟 Windows XP 之後的作業系統都有支援，運作上與 EAP-TTLS 類似，都是以加密的傳輸層通道來保護認證資訊。

EAP-FAST (Flexible Authentication via Secure Tunneling) 也是由 Cisco 所提出，利用 Protected Access Credential 來建立 TLS 通道。

EAP-TLS 也是微軟 Windows XP 作業系統有支援的協定，被認為是最安全的 EAP 標準之一。

Wireless Equivalent Privacy (WEP)

WEP 被含括在 IEEE 802.11 標準之中，也就是它已經有十幾年的歷史

圖解網路安全

了，採用 RC4 加密演算法，這個演算法的瑕疵讓 WEP 可以在數分鐘內被破解。

有一種攻擊方法稱為**初向量攻擊法** (Initialization vector attack)，64 位元的 WEP 是由 40 位元的 key 與 24 位元的初向量所組合而成，RC4 將此 64 位元做為鑰匙使用，因為初向量只有 24 位元，只有 16777216 種排列組合，以目前電腦的計算能力來看，是一個非常小的數字，所以可以被計算出來，進而得知整個鑰匙的內容。

當 TKIP 與 WEP 一起使用時，有時會表示為 WEP-TKIP，它會把 WEP 包裝起來，將它的密鑰與初向量進行處理後再交由 RC4 演算法做計算。然而，TKIP 所需要的運算較多，會導致傳輸速率下降。

Wi-Fi Protected Access (WPA/WPA2)

WPA 是由 Wi-Fi 所建立，有兩種版本：WPA 與 WPA2。WPA 在 2003 年提出，採用 TKIP 來提升保護能力，加長了初向量的長度到 48 位元，金鑰長度也加長到 128 位元，所以安全性比 WEP 要來得高，但是因為 TKIP 本身的安全性仍是不足的，所以 WPA 的安全性仍被認為不夠強。

WPA2 則是使用 CCMP (Counter Cipher Mode with Block Chaining Message Authentication Code Protocol)，CCMP 是 IEEE 802.11i 標準中的一環，安全性比 TKIP 更高，RC4 演算法也換成了 AES (Advanced Encryption Standard) 演算法，AES 在 2002 年被提出後，被認為是一種安全性足夠強健的演算法。

WPA 可被視為 WEP 到 WPA2 的一個過渡期解決方案，但目前 WPA 仍是一種普及的技術。在市面上的產品中，則會看到 WPA 企業版或是 WPA 個人版的字樣，WPA2 也有這兩種版本，其實個人版就是指採用了 PSK，而企業版則是使用 EAP 與驗證伺服器。

小博士解說

可以發現，無線區域網路的安全性一直在提升，因為無線網路不管是在個人環境還是企業環境，都已經越來越普及了，例如最新的若是 WPA/WPA2 遭到破解或是被發現弱點，將會對目前的無線網路產生嚴重衝擊。而如何提升無線網路安全，也是目前各國的安全機構正在努力研究的課題之一。

Unit **6-3**
無線區域網路的攻擊

SSID隱藏

　　無線網路的**基地台** (AP) 負責收發訊號，但是它並不能去決定誰可以接收、誰不能接收這些訊號，所以要攔截訊號是非常容易的，只要有個無線網路卡就夠了。為了避免基地台被發現，一種最簡單的方式就是讓基地台隱身，也就是隱藏 SSID，將一個 AP 的 SSID 廣播功能關閉，即可讓無線網路裝置找不到這個 AP，當然這並不是一個萬無一失的方法，仍有方法可以找到無線基地台，但這仍是個簡單而且有一定效果的方法。

War Driving 與 War Chalking

　　War Driving 是一種收集 AP 資訊的方法，當我們安裝 AP 時，很難去控制它發射訊號的方向與強度，當訊號超過我們的住家或辦公室，在戶外的人就可以接收到這些訊號。

　　所以如果有人開車沿路收集所有的 AP 資訊，這種行為就稱為 War Driving。War Chalking 是 War Driving 之後的一種做記號方式，當一個惡意的使用者發現了一個具有弱點的 AP，就可以在此 AP 附近的建築物或其它鄰近地方做個記號以通知其它人，目的可能是為了聯合其它使用者一起發動攻擊入侵。

　　解決這個問題的方法是減少 AP 的發送功率，並調整適當的訊號收發方向，這需要考量環境的形狀、阻隔物與空間大小等問題，當空間較大時，使用多部功率較弱的 AP 可能會是一個比較好的方法。

　　圖 6-3 是「Wifi 分析儀」，是一種用於 Wifi 訊號強度偵測的軟體，可以安裝在智慧型手機或平板電腦上，使用者可以在安裝後，到辦公室的邊界處測量訊號強度，再調整 AP 的位置或功率以進行調整。

Rouge AP

　　對許多使用者來說，在不熟悉的地方若有個不需要密碼的無線網路 AP，是一件很令人高興的事，但這往往也容易上當。這一種存取點是未經授權擅自加入的，所以被稱為 Rouge AP。

圖 6-3 Wifi 分析儀

237

　　透過 Rouge AP 上網，沒辦法去了解 AP 在資訊傳輸的過程當中是否被記錄或是被竄改。部份的 Rouge 甚至會故意使用容易混淆的 SSID，例如 HiNetFreeWiFi，讓使用者認為是可被信任的 AP。

無線路由器的管理

　　目前家用無線基地台通常也身兼路由器的功能，方便家用使用者以此機器連接 ISP 的線路。路由器的設定通常是以網頁的方式登入以進行管理，部份機器在機身上會印刷預設帳號與密碼，當惡意人士可以接觸到機器時，就可以得知管理員權限的帳號密碼，並登入系統進行控管。即使更改了帳號與密碼，機器上亦會有**重置** (reset) 按鈕，以協助使用者對路由器回復出廠預設值，若惡意人士進行重置並設定上網相關選項，使用者並不會察覺路由器的管理權已經落在他人手中，於是不知不覺地暴露在風險之中。

謹慎使用公用熱點 (Hot Spot)

　　在許多場所，例如機場、咖啡館或是政府機關，都提供免費的無線網路給顧客使用，在使用公用熱點時，所有使用者共享網路資源，因此使用者若以筆記型電腦上網並開啟檔案分享，其它使用者將可以發現這些分享的資源。在使用公用熱點時，若非緊急情況，建議不要傳遞信用卡號碼、登入網路銀行或是使用任何需要帳號密碼的網站，公用熱點可能甚至沒有加密機制，使用者的這些資料可能會暴露在惡意人士面前。

習　題

1. 請試著比較 WPA 與 WPA2 的差別。

2. 無網基地台的訊號如果太強，會發生什麼問題？

3. 使用公共熱點時，應注意哪些事項？

4. Infrastructure 與 AP 模式有什麼不同？

5. 比較 IEEE 802.11 的各種版本，並指出其差異。

圖書館出版品預行編目資料

解網路安全／林忠億著. －－初版. －－
臺北市：五南圖書出版股份有限公司，
2014.12
面；　公分
ISBN 978-957-11-7945-2（平裝）

資訊安全　2.電腦網路

.76　　　　　　　　103024903

5DH9

圖解網路安全

作　　　者 ― 林忠億(125.5)

企劃主編 ― 王正華

圖文編輯 ― 林秋芬

排　　　版 ― 簡鈴惠

封面設計 ― 小小設計有限公司

出 版 者 ― 五南圖書出版股份有限公司

發 行 人 ― 楊榮川

總 經 理 ― 楊士清

總 編 輯 ― 楊秀麗

地　　　址：106臺北市大安區和平東路二段339號4樓

電　　　話：(02)2705-5066　　傳　　真：(02)2706-6100

網　　　址：https://www.wunan.com.tw

電子郵件：wunan@wunan.com.tw

劃撥帳號：01068953

戶　　　名：五南圖書出版股份有限公司

法律顧問　林勝安律師

出版日期　2014年12月初版一刷
　　　　　　2024年 7 月初版二刷

定　　　價　新臺幣320元

經典永恆・名著常在

五十週年的獻禮——經典名著文庫

五南，五十年了，半個世紀，人生旅程的一大半，走過來了。

思索著，邁向百年的未來歷程，能為知識界、文化學術界作些什麼？

在速食文化的生態下，有什麼值得讓人雋永品味的？

歷代經典・當今名著，經過時間的洗禮，千錘百鍊，流傳至今，光芒耀人；

不僅使我們能領悟前人的智慧，同時也增深加廣我們思考的深度與視野。

我們決心投入巨資，有計畫的系統梳選，成立「經典名著文庫」，

希望收入古今中外思想性的、充滿睿智與獨見的經典、名著。

這是一項理想性的、永續性的巨大出版工程。

不在意讀者的眾寡，只考慮它的學術價值，力求完整展現先哲思想的軌跡；

為知識界開啟一片智慧之窗，營造一座百花綻放的世界文明公園，

任君遨遊、取菁吸蜜、嘉惠學子！